Svenja **Hofert**
Die 100%-**Bewerbung**

book@web

Svenja **Hofert**

Die 100%-
Bewerbung

Wie Sie sich mit den
richtigen Argumenten von
Mitbewerbern abgrenzen

GABAL

ISBN 978-3-86936-125-3

Projektmanagement:
Ute Flockenhaus, Fischerhude
Lektorat:
Dr. Christiane Gierke, Köln (www.text-ur.de)
Umschlaggestaltung:
Martin Zech Design (www.martinzech.de)
Umschlagfoto:
Adam Gregor/istockphoto
Druck und Bindung:
Salzland Druck, Staßfurt

Alle Fotografien in diesem Buch mit freundlicher Genehmigung von
Die Hoffotografen, Berlin (www.hoffotografen.de)

2., überarbeitete Auflage 2010
© 2004 GABAL Verlag GmbH, Offenbach

Aktuelles und Nützliches für Beruf und Karriere finden Sie unter
www.gabal-verlag.de

book@**web** – **More success for you!**

In der Reihe **book@web** erscheinen junge Karriereratgeber zu
aktuellen Businessthemen mit eigener Internetanbindung.

Zu jedem **book@web**-Buch gibt es unter **www.book-at-web.de**
einen kostenlosen Workshop, in dem Sie Ihr Wissen aktiv trainieren
können.

Ihr Buchschlüssel für den book-at-web-Workshop lautet: **Chamaeleon**

b@**w** **Dieses Signet kennzeichnet auf den folgenden Buchseiten
die Workshop-Themen im Internet.**

Wir freuen uns auf Sie und wünschen Ihnen viel Erfolg!

Ihr **book@web**-Team

Liebe Bewerberinnen und Bewerber,

es ist kein Märchen: Bewerber, die zehn Bewerbungen schreiben und achtmal eingeladen werden – die gibt es immer noch. Auch diese Bewerber haben schon mal kleine Lücken im Lebenslauf und den ein oder anderen »Schönheitsfehler« – und trotzdem kommen sie gut an.

Das Geheimrezept? Gute Vorbereitung und die Ausarbeitung einer individuellen Strategie für Jobsuche und Bewerbung. Erfolgreiche Bewerber wissen genau, wer sie sind und was sie leisten können. Sie kennen zudem ihre Grenzen. Sie haben sich ausführlich informiert, welche Firmen infrage kommen und wo die Pforten für Sie geschlossen sind. Sie schaffen es, die Bedürfnisse des Personalentscheiders oder Fachverantwortlichen anzusprechen. Sie sind aktiv und warten nicht auf Stelleninserate, sondern suchen auf kreativen Wegen nach Jobs. Vielleicht holen sie sich Anregungen aus Muster-Bewerbungen – aber schließlich finden und gehen sie ihren eigenen Weg.

Mein Buch und der dazugehörige Internet-Workshop unter www.book-at-web.de unterstützen Sie dabei, ebenso erfolgreich bei der Bewerbung zu sein. Um Ihnen das Ganze noch einfacher zu machen, finden Sie alle Bewerbungen aus diesem Buch als Musterdokumente zum Herunterladen im Internet-Workshop. Die können Sie direkt nutzen, denn es geht um Ihren Erfolg! Und wenn im Workshop und im Buch aus Gründen der leichteren Lesbarkeit die männliche Form wie »der Bewerber« und »der Personalentscheider« gewählt wurde, sind natürlich auch alle engagierten Bewerberinnen und Personalentscheiderinnen angesprochen.

Dies Buch nennt sich die »100%-Bewerbung«, weil Sie mit seiner Hilfe Bewerbungen erstellen können, die 100 % stimmig sind: erstens authentisch und zweitens auf die Bedürfnisse des Arbeitgebers zugeschnitten. Das sind die besten Voraussetzungen, um zum Vorstellungsgespräch eingeladen zu werden.

Dazu kitzele ich die in Bezug auf Ihre Jobsuche richtigen Argumente aus Ihnen heraus. Ich zeige Ihnen, wie Sie Profil zeigen und sich von Mitbewerbern abgrenzen. Dabei behalten Sie stets die eigenen Ziele und die Bedürfnisse des Unternehmens im Blick.

In das Buch eingeflossen ist meine jahrelange Erfahrung in der Karriereberatung. Ich habe Hunderte von Bewerbern bei Jobsuche und Bewerbung begleitet. Darunter waren Fach- und Führungskräfte, Absolventen, Arbeitslose und auch Langzeitarbeitslose. Selbst »schwere Fälle« haben mit einer zu ihnen passenden Strategie wieder einen Job finden können. So bin ich aufgrund meiner Praxiserfahrung überzeugt, dass es nicht nur privat, sondern auch im Berufsleben für jeden Topf einen Deckel gibt. Und wenn keine Festanstellung zu finden ist, kann eine freie Mitarbeit vorübergehend eine gute Alternative sein.

Die richtigen Töpfe »für Ihren Deckel« zu finden, setzt ein wenig Arbeit voraus: eine zeitliche Investition, die sich in jedem Fall lohnt, denn sie steigert die Quote der Einladungen zum Vorstellungsgespräch mit Sicherheit erheblich.

Ihre Ideen, Meinung und Kritik können Sie gern über das Internet an mich senden: www.netzwerk-buero.de oder www.kreative-karriereentwicklung.de.

Viel Spaß beim 100%-erfolgreich-Sein!

Svenja Hofert

Fit für die 100% erfolgreiche Bewerbung

»Ich weiß ehrlich gesagt gar nicht so genau, welche Jobs zu mir pas-sen«, klagt Paula. »Eigentlich weiß ich nicht mal, was ich den Unterneh-men bieten kann.«

Trotzdem schickt Paula seit einem halben Jahr jede Woche drei Bewer-bungen raus. Ohne Erfolg.

Verfolgen Sie eine zielorientierte Strategie

► Stürzen Sie sich nicht wie Paula in den Bewerbungsmarathon, ohne zu wissen, in welche Richtung Sie laufen. Finden Sie ein Ziel und definieren Sie dann Ihre Strategie, um dieses zu erreichen. Nur so werden Sie erfolgreich sein.

//Kernkompetenzen definieren, (Bewerbungs-)Ziele heraus-finden

Dafür sollten Sie sich zunächst mit sich selbst, mit Ihrem eige-nen Können und Ihren Fähigkeiten auseinander setzen. Schließlich müssen Sie dem Personalverantwortlichen konkret vor Augen füh-ren, wo Ihre Stärken liegen. Genau über diesen Punkt, die persön-lichen Stärken und Kernkompetenzen, sind sich aller Erfahrung nach viele Bewerber aber gar nicht richtig im Klaren.

Die Konsequenz: Wer sich unsicher über das eigene Profil ist, kann sich meist nicht optimal verkaufen. Wenn ein Autohändler nicht weiß, ob er einen Mercedes SLK oder einen Renault Twingo an den Mann bringen soll, wird er nicht zum Abschluss kommen. Wenn Sie selbst schon nicht wissen, was Ihre speziellen »Ausstattungsmerkmale« sind, warum sollte Ihnen jemand einen Arbeitsvertrag anbieten? Niemand wird sich die Mühe machen, nach Ihren »verborgenen Schätzen zu graben«. Das müssen Sie – in der Vorbereitungsphase – selbst tun.

Aber es genügt nicht, die eigenen Kernkompetenzen zu kennen und herauszustellen. Sie müssen auch genau wissen, wohin Sie wollen und welche Anforderungen die jeweilige Firma und die ausgeschriebene Stelle mit sich bringen. Mehr als 95 Prozent aller Bewerbungen werden allein deshalb aussortiert, weil der Bewerber aufgrund seines Profils nicht infrage kommt. Da können Ihre Unterlagen noch so professionell sein. Die beste Bewerbung nützt nichts, wenn Sie sich an die falsche Adresse wenden. Nur wenn Sie wissen, was Sie anbieten können, können Sie auch passende Ansprechpartner finden.

Schreiben Sie Ihre Berufsbiografie

► Die Berufsbiografie verschafft Ihnen einen Überblick über alle wichtigen Argumente, die für Sie als Bewerber sprechen. Dort sammeln Sie alle jobrelevanten Informationen und Aussagen über sich selbst. Sie formulieren Textbausteine vor, die Sie später einfach nur noch in Ihre Bewerbung kopieren oder auf deren Basis Sie leichter neue Formulierungen finden können.

Damit ist die Berufsbiografie der Pool, aus dem Sie während der Bewerbungsphase schöpfen. Und dabei ist es gleich, ob Sie sich auf eine Anzeige oder initiativ bewerben, per Post, E-Mail oder über ein Formular im Internet. Sie macht Sie außerdem fit für das Vorstellungsgespräch. Das bedeutet: Die Zeit, die Sie für die Vorbereitung brauchen, sparen Sie später locker wieder ein.

//Für jeden Job den richtigen Köder

Beim Zusammenstellen Ihrer Biografie sind Sie ganz offen, bringen alles zur Sprache. Hier können Sie sich das leisten, denn nicht alles wird später an die Öffentlichkeit gelangen. Sie entscheiden bei jeder Bewerbung, mit welchen Passagen und Dokumenten – mit welchen »Ködern« – Sie nach draußen gehen. Die Köder, die Sie auslegen, werden Sie dann variieren – je nachdem, welchen Fisch Sie sich angeln wollen.

Seien Sie ein Chamäleon

Paula bewundert Ihren Freund Martin. Der bekommt jeden Job, weil er sich wie ein Chamäleon verwandeln kann. »Der war sogar schon Vertriebsleiter und Pressesprecher.« Martins Strategie: Für jeden Job hat er einen anderen Lebenslauf!

► Natürlich erfindet Martin nicht beliebige Lebensläufe. Vielmehr stellt er in seinem Lebenslauf immer die Tätigkeiten und Erfahrungen besonders heraus, die auf das Profil der jeweils ausgeschriebenen Stelle besonders gut passen. So ist er wie ein Chamäleon: Er bleibt sich treu, passt sich aber immer den Gegebenheiten an. Bewerber, die so vorgehen wie Martin, sind bei der Jobsuche fast zwangsläufig erfolgreicher, selbst wenn Sie kleine Lücken im Lebenslauf haben. Je konkreter Ihre Vorstellungen von sich selbst und dem künftigen Arbeitgeber sind, desto leichter geht Ihnen die Jobsuche von der Hand. Dabei können Sie ruhig mehrere Ziele ins Auge fassen, wenn Sie sich vorstellen können, auch in verschiedenen Positionen zu arbeiten. Je nach der spezifischen Ausrichtung stellen Sie dann unterschiedliche Argumente zusammen.

//Leitfaden Berufsbiografie

Die Berufsbiografie ist wie der Businessplan für Existenzgründer. Sie hilft Ihnen, Gedanken zu formulieren und zu fokussieren, und zwingt Sie zu präzisen Aussagen über sich selbst. Mit dem beruhigenden Gefühl zu wissen, wer Sie sind, welche beruflich relevanten Erfahrungen Sie gesammelt haben, schreiben Sie nicht nur leichter Bewerbungen, auch Vorstellungsgespräche oder Assessment-Center verlieren ihren Schrecken, wenn Sie nicht lange über Ihre Antwort nachdenken müssen.

ZPSS: Ihre Erfolgsformel

► ZPSS – so heißt Ihre Erfolgsformel für den Aufbau Ihrer Berufsbiografie. Ziele, Profil, Selbstmarketing und Suchstrategie – die Bestandteile der Formel bezeichnen dabei die Kapitel Ihrer Biografie. In diesen klären Sie folgende Fragen:

Kapitel I – die Ziele:
- Was ist Ihnen im Berufsleben wichtig?
- Welche Prioritäten haben Sie?
- Wo möchten Sie arbeiten?
- In welchem Umfeld möchten Sie arbeiten?
- Welche Fähigkeiten können und welche möchten Sie einsetzen?

Kapitel II – das Profil:
- Das Tätigkeitsprofil: Was können Sie tun?
- Das Persönlichkeitsprofil: Wer sind Sie?
- Das Kenntnisprofil: Was ist Ihr Wissen und wozu befähigt es Sie?
- Das Leistungsprofil: Ihre Erfolge.

Kapitel III – das Selbstmarketing:
- Wenn Sie eine Marke wären, was wären Ihre Charakteristika?
- Welchen Verkaufsvorteil (USP = Unique Selling Proposition) besitzen Sie?
- Welches sind Ihre weiteren Verkaufsargumente?

Kapitel IV – die Suchstrategie:
- Welche Branchen kommen infrage?
- Nach welchen Funktionen suchen Sie?
- Realistisch betrachtet: Welche Unternehmen passen zu Ihnen?

//Die Ziele: Erfolg braucht eine Richtung

Paula sagt: »Man kann sich doch heute keinen Job mehr aussuchen, sondern muss nehmen, was kommt. Und die Arbeitgeber wählen sich die Sahnestückchen aus.«

In dem Punkt hat Paula Recht: Arbeitgeber suchen sich diejenigen Bewerber heraus, die am besten zum Job und ins Unternehmen passen. Das sind tatsächlich oft die Sahnestückchen. Aber wer »erste Sahne« ist, lässt sich nicht verallgemeinern, sondern hängt jeweils vom Unternehmen und vom Job ab.

Aber: Paulas »Hauptsache-Job-ich-nehme-alles-Strategie« führt nur sehr selten und dann auch nur zufällig zum Erfolg. Potenzielle Arbeitgeber lesen diese Haltung aus den Bewerbungsunterlagen heraus, spüren sie quasi zwischen den Zeilen. »Der will anscheinend alles machen«, »Wenn er jetzt schon kein Ziel hat, dann hat er später auch keins« – wenn ein Personaler dieses Fazit zieht, sortiert er den Bewerber mit Sicherheit aus.

Fazit: Es ist eben nicht »Alles Müller, oder was?«. Denn wenn Ihnen gleich ist, ob Sie bei Müller Milch oder bei der Dr. Müller Finanzberatung arbeiten, kommen Sie bei Ihrer Jobsuche nicht weiter. Sie können mit Ihren Aussagen gar nicht konkret werden und motivierende Anschreiben verfassen. Sie müssen sich Ziele setzen, nur so können Sie etwas erreichen.

Übung: Ziele sollen sich im Bewerbungsschreiben widerspiegeln. Schon die ersten Zeilen eines Anschreibens zeigen, wie zielstrebig man ist. Versetzen Sie sich jetzt in die Lage eines Personalverantwortlichen: Welche der folgenden Einleitungen spricht Sie mehr an? Welchen Bewerber würden Sie einladen? Halten Sie fest, warum Sie zu Ihrer Entscheidung gekommen sind. Und noch ein Hinweis: Mehr Übungen dazu und die Lösung finden Sie im Internet-Workshop zu diesem Buch.

01. Sehr geehrte Damen und Herren, ich möchte mich auf Ihr Stellenangebot bewerben, das mich sehr interessiert. Ich bin Diplom-Kaufmann und arbeitsbereit.

02. Sehr geehrte Damen und Herren, ich möchte mich auf Ihr Stellenangebot bewerben, das mich sehr interessiert. Ich bin Diplom-Kaufmann und suche jetzt nach einer neuen Herausforderung, z. B. im Bereich Vertrieb, aber gern auch alles andere.

03. Sehr geehrte Frau Herrmann, vielleicht bin ich die kreative und erfahrene Produktmanagerin, die Sie suchen? Ich habe viel über Ihre neue Strategie gelesen. Ihre Pläne, die Marke moderner und jünger zu positionieren, finde ich spannend und vielversprechend. Gerne würde ich diese in die Tat umsetzen.

04. Sehr geehrte Damen und Herren, ich möchte mich Ihnen vorstellen, denn die beschriebene Position passt hervorragend zu meinen Qualifikationen und meiner Berufserfahrung. Seit zwei Jahren arbeite ich in der Lebensmittelbranche und könnte die hier gewonnenen Erfahrungen auch in ein Textilunternehmen einbringen.

Die Prioritäten: Was ist Ihnen wirklich wichtig?   b@w

Paula sagt: »Die Zeit als Gruppenleiterin war für mich richtig schlimm. Ich will eigentlich nie mehr eine Führungsposition.«

► So ein (Ein-)Geständnis fällt niemandem leicht. Es ist aber entscheidend wichtig für Ihren weiteren Berufserfolg und Ihre persönliche Zufriedenheit!

Ganz sicher mögen Sie bestimmte Branchen und andere nicht, liegen Ihnen bestimmte Aufgaben mehr und andere weniger. Vielleicht haben Sie Spaß daran, viele verschiedene Dinge tun zu können und immer wieder Neues hinzuzulernen. Vielleicht möchten Sie aber auch nur das einbringen, was sie gelernt haben, weil Ihnen das Sicherheit gibt. Möglicherweise ist es Ihnen wichtig, eine »vertikale Karriere« zu machen, also schnell die Treppe hinaufzusteigen und eine Führungsposition einzunehmen. Oder möchten Sie sich vor allem »horizontal« erweitern, also mehr Wissen und Erfahrung erlangen? Dann ist Ihnen die Möglichkeit des hierarchischen Aufstiegs dabei vielleicht nicht so wichtig.

Übung: Beantworten Sie für sich ehrlich die folgenden Kernfragen und bringen Sie sie im zweiten Schritt in eine priorisierte Reihenfolge:

- Welche Rolle spielt Geld für mich?
- Ist mir Sicherheit wichtig?
- Brauche ich Erfüllung im Beruf?
- Möchte ich Karriere machen und in eine Führungsposition aufsteigen?
- Ist die Anerkennung durch andere zentral für mich?
- Welche Rolle spielt das Privatleben?

... jetzt die Rangordnung, z. B. so:

01. Geld
02. Sicherheit
03. Erfüllung
04. Karriere
05. Anerkennung
06. Privatleben

//Prioritäten richten sich nach Ihrem Persönlichkeitsprofil

Es ist wichtig für eine erfolgreiche Jobsuche, dass Sie sich über Ihre persönlichen Prioritäten klar werden. Stehen Verdienst und Karriere ganz oben auf Ihrer Prioritätenliste, sollten Sie nach Stellen Ausschau halten, die in dieser Hinsicht ausbaufähig sind. Die eine Startposition mit optimalen Rahmenbedingungen für den Aufstieg bieten. Hierbei sollten Sie darauf achten, dass Sie bei renommierten Unternehmen arbeiten und bekannte Firmennamen Ihren Lebenslauf schmücken.

Stehen bei Ihnen das Privatleben und die Erfüllung »gebraucht zu werden« obenan, können Sie es sich hingegen »leisten«, in einer sympathischen kleinen Firma zu arbeiten, deren Name spätere Arbeitgeber vielleicht nicht einmal kennen. Ist diese Art der Erfüllung für Sie wichtig, brauchen Sie eine Tätigkeit, die Sie mit Leidenschaft und Begeisterung ausfüllen können – weniger eine strategische Position.

Geht es Ihnen vor allem um Sicherheit, sollten Sie Positionen und Branchen anpeilen, die dieses für Sie gute Gefühl am ehesten bieten. So werden das produzierende Gewerbe oder die Versicherungsbranche dann eher zu Ihnen passen als Branchen wie Werbung und IT.

Tipp: Kommentieren Sie Ihre individuelle Hitliste. Schreiben Sie zu jedem Punkt dazu, was er für Ihre Jobsuche konkret bedeutet.

//Wo möchten Sie arbeiten?

»Ich weiß nicht, wo ich arbeiten will. Wie denn auch, ich kenne doch die Firma gar nicht!«, sagt Paula.

Sie hat ja Recht, unsere Paula: Sie kennen ein Unternehmen erst richtig, wenn Sie in ihm gearbeitet haben. Trotzdem gibt jede Firma Signale nach außen. Beispielsweise in Form ihrer Stellenangebote. Diese Stellenangebote sind zwar meist nicht besonders aussagekräftig, vermitteln Ihnen aber trotzdem zumindest einige Anhaltspunkte: Im Selbstdarstellungstext etwa beschreibt das Unternehmen nicht nur die Eckdaten (Branche, Produkte oder Dienstleistungen, Größe, Mitarbeiter), sondern gibt auch Einblick in seine Philosophie und seine Unternehmenskultur. Dies ist immer aufschlussreich.

Tipp: Halten Sie sich dabei vor Augen, dass eine Firma an dieser Stelle beschreibt, wie sie gesehen werden möchte – und dass die wirklichen Zustände ganz anders sein können.

Meist geht die Selbstdarstellung sogar noch einen Schritt weiter, indem das Unternehmen beschreibt, wie es sich seine Mitarbeiter vorstellt. Die ideale Gelegenheit für Sie zu prüfen, ob Sie sich darin wiederfinden.

Lesen Sie, welche Mitarbeiter sich beispielsweise der Telekommunikationsanbieter Talkline wünscht:

> Wer sich für Talkline entscheidet, entscheidet sich für ein Unternehmen, das Sie nicht als Mitarbeiter, sondern als Menschen sieht.
> - Wir fühlen uns den persönlichen Zielen und der persönlichen Zufriedenheit unserer Mitarbeiter verpflichtet.
> - Die Balance zwischen Beruf, Freizeit und Familie muss für jeden Einzelnen ermöglicht und gefördert werden.
> - Bei uns wird jeder gleich behandelt und jeder geduzt, unabhängig von Position und Titel.

> - Teamwork ist bei uns kein leeres Versprechen, sondern ein klares Unternehmensziel.
> - Wir leben eine Politik der offenen Türen. Das fördert die Kommunikation und die Effektivität bei der Arbeit.

Solch präzise Aussagen werden auf die meisten Menschen – vor allem die Arbeitsuchenden – sympathisch wirken. Falls Sie keine ähnlich klaren Aussagen in der Stellenausschreibung Ihres Wunschunternehmens finden, schauen Sie sich die Website an. Oft vervollständigt diese das im Stellenangebot angeschnittene Bild. So hat der Hamburger Versandhändler Otto auf seinen Internetseiten »Das kleine ABC der Otto-Kultur« veröffentlicht, in dem er viel über sich selbst verrät. Ausschnitte daraus:

Eigeninitiative

... wird bei uns groß geschrieben. Das Wasser ist leicht angewärmt, aber schwimmen muss jeder allein.

Sport

Bei mittlerweile 21 Sportarten von Bowling und Squash bis hin zu Rudern oder Karate legen sich rund 1.700 Mitarbeiter auch nach Feierabend im Kollegenkreis so richtig ins Zeug.

//Nicht nur die Top-Player berücksichtigen!

Paulas Freundin Marita weiß, was sie will: »Wo ich am liebsten arbeiten würde? Bei Beiersdorf, Otto, Daimler Chrysler, Unilever oder Tchibo.«

Befragt, wo Sie gerne arbeiten möchten, würden Sie vermutlich wie Paula eine Liste von Großunternehmen aus Ihrer Region runterrattern, die Toparbeitgeber. Gratulation, wenn Sie dort mit Ihrer

Bewerbung erfolgreich sind. Doch sehr wahrscheinlich ist das nicht: Über 90 Prozent aller Deutschen arbeiten in kleinen und mittelständischen Unternehmen.

Übung: Bereiten Sie drei Zettel vor.

01. Auf den ersten Zettel schreiben Sie alle Arbeitgeber, die Ihnen einfallen und sympathisch sind. Notieren Sie zudem die Gründe für Ihre Einschätzung: Sind es die Sicherheit und die Sozialleistungen, die der Arbeitgeber verspricht? Die Karrierechancen? Die Weiterbildungsmöglichkeiten? Wenn Sie nicht wissen, was ein Unternehmen Ihnen bieten kann, recherchieren Sie es, beispielsweise im Internet.

02. Auf dem 2. Zettel sammeln Sie Eckpunkte. Der erste ist die Branche:
   - Welche Branche interessiert Sie?
   - Wo bringen Sie Erfahrungen ein?

Stellen Sie sich dann die Größe »Ihres« Unternehmens vor. Versetzen Sie sich mit Ihrer Fantasie in die Firma. Gefällt Ihnen das Großraumbüro mit dem Arbeitsplatz hinter Trennwänden? Sagt Ihnen die schnuckelige Atmosphäre hinter den historischen Mauern zu?

   - Welche Gedanken löst bei Ihnen die Vorstellung aus, in einer kleinen Agentur oder Kanzlei mit zehn Beschäftigten tätig zu sein?
   - Können Sie sich vorstellen, einer von 100 Mitarbeitern zu sein, vielleicht in einer kleinen Abteilung mit zwei bis drei Personen zu arbeiten, aber ansonsten eher in der Atmosphäre eines größeren Unternehmens?
   - Welche Rolle würden Sie in einem großen Unternehmen einnehmen?
   - Was bedeutet ein großer Konzern für Sie?

Je kleiner die Firma, desto größer kann die Rolle sein, die Sie darin spielen. Sie werden eher abteilungsübergreifend arbeiten und feststellen, dass Strategien hier oft kurzlebig und meist sehr stark durch die Geschäftsführung geprägt sind. Umgekehrt: Je größer die

Firma, desto kleiner und spezieller wird Ihre eigene Rolle sein. Sie werden Mitarbeiter aus anderen Abteilungen vielleicht gar nicht kennen lernen. Ihr Aufgabengebiet ist definiert und (meist) in einer Stellenbeschreibung festgehalten.

03. Schreiben Sie hier auf, wo Sie auf keinen Fall arbeiten möchten und warum. Was kennzeichnet für Sie ein abschreckendes Unternehmen? Was mögen Sie überhaupt nicht?

b@w Das »Wo« und das »Wie«

► Brauchen Sie Blumen um sich herum? Möchten Sie Ihre Überraschungseier-Sammlung aufstellen oder Motivationsposter aufhängen? Lieben Sie unaufgeräumte Schreibtische und Zettelwirtschaften? Bevorzugen Sie ein cooles Designerambiente oder gediegene Tradition, beispielsweise in Eichenholz? Machen Sie sich Ihre Wünsche bewusst, denn Sie werden Ihre Leistungen in einem Umfeld, das zu Ihnen passt, besser entfalten können.

Denken Sie bei der Beantwortung der Kernfragen »Wo und wie will ich arbeiten?« aber nicht nur an äußere Kriterien, sondern auch an »innere«. Möchten Sie im Team arbeiten oder eigenverantwortlich? Äußere und innere Faktoren sind oft eng miteinander verzahnt. So findet Teamarbeit oft in Gemeinschaftsbüros statt – das eine wird ohne das andere dann schwer zu haben sein.

Übung: Kreuzen Sie folgende Aussagen-Duos an. Entscheiden Sie sich für eine Variante – auch, wenn Sie zwischen zwei Aussagen schwanken. Nehmen Sie die Formulierung, die Ihnen spontan am meisten zusagt.

- Ich möchte lieber im Team arbeiten. ☐
- Ich möchte lieber allein und eigenverantwortlich arbeiten. ☐

- Ich möchte lieber in einem chaotischen Umfeld arbeiten. ☐
- Ich möchte lieber Ordnung und Ruhe um mich herum. ☐

- Mir ist es wichtig, dass ich mein Umfeld selbst gestalten kann. ☐
- Hauptsache, ich habe einen Schreibtisch. ☐

- Ich brauche ein eigenes Büro. ☐
- Ein eigenes Büro ist mir nicht so wichtig. ☐

Lassen Sie sich Ihre eigenen Antworten durch den Kopf gehen. Ziehen Sie daraus Konsequenzen für Ihre Eigenpräsentation und Ihre Jobsuche. Wenn Sie »lieber allein und eigenverantwortlich arbeiten« möchten, so sollten Sie nicht nach einem Umfeld suchen, in dem Teamarbeit den Ton bestimmt. Wenn Sie Ordnung und Ruhe brauchen, so sind alle jungen und dynamischen Firmen für Sie tabu – es sei denn, Sie sind in einer Funktion beschäftigt, in der Sie Ordnung schaffen.

//Authentisch sein – wichtig für die richtigen Prioritäten

Machen Sie sich klar, was die Ergebnisse der obigen Übung für Sie und Ihre Jobsuche bedeuten. Ganz entscheidend ist etwa ein Aspekt wie Teamfähigkeit. Fast jeder behauptet, teamfähig zu sein, doch nach aller Erfahrung ist es kaum jemand wirklich. Spätestens in einem Assessment-Center fällt das gnadenlos auf, da Sie sich hier nur sehr bedingt verstellen können. Gewinner sind hier meist die, die eine Fähigkeit wirklich mitbringen und nicht nur behaupten, sie zu haben.

Wenn Sie sich nichtauthentische Fähigkeiten zuschreiben oder sie »darstellen« wollen, bedenken Sie, dass Sie sich später wohl fühlen und den Job gern machen müssen, andernfalls werden Sie kaum die Begeisterung aufbringen können, die Firmen spätestens ab dem Vorstellungsgespräch von Ihnen erwarten.

Paula sagt: »Ich hätte diesen Job haben können, ich bin sicher. Aber irgendwie wollte ich nicht da arbeiten. Das haben die gespürt. Hätte ich einmal angerufen und mein Interesse bekundet – der Abteilungsleiter hätte sich gefreut und das hätte auch alles geklappt. Aber ich war so unschlüssig.«

Übung: Fassen Sie zusammen, welche Konsequenzen Sie aus Ihren obigen Antworten ziehen.

b@w Fähigkeitsprofil

► Entspricht Ihr (bisheriges) Tätigkeitsprofil Ihren Fähigkeiten? Welche Fähigkeiten können und welche Fähigkeiten möchten Sie einsetzen? Lesen Sie die Frage genau! Die Betonung liegt einmal auf dem »können« und dann auf dem »möchten«! Der Hintergrund der Frage: Immer öfter können Bewerber verschiedene Berufsausbildungen nachweisen; waren zum Beispiel zuerst Fotofachverkäuferin und sind danach in die Sozialarbeit gewechselt. Um nichts in der Welt möchten sie wieder als Verkäuferin arbeiten. Andere Kandidaten haben Fähigkeiten ausgeübt, die Ihnen keinen Spaß bereitet haben.

Paulas Bruder Paul sagt: »Früher habe ich auch programmiert. Aber das heißt nicht, dass ich es heute noch gut kann. Ich will auch gar nicht mehr als Programmierer arbeiten. Trotzdem stecken mich die Personaler immer in diese Ecke. Projektleitung, die macht mir dagegen wirklich Spaß.«

Pauls Fähigkeitsprofil sieht so aus: Mein Talent liegt darin, Teams auf ein gemeinsames Ziel einzuschwören und zum Erfolg zu führen. Ich motiviere meine Mitarbeiter und finde gemeinsam mit Ihnen Lösungen, für technische Probleme wie für Fragen bei der Zusammenarbeit. Ich besitze zudem eine ausgeprägte Fähigkeit, Konzepte und Ergebnisse spannend zu präsentieren und Laien technische Zusammenhänge leicht verständlich darzulegen – selbstverständlich auch in Englisch.

Übung: Folgen Sie dem Beispiel von Paul, aber bauen Sie seine Argumentation für Ihr eigenes Profil noch aus: Erstellen Sie eine Tabelle. In der Spalte links sammeln Sie Punkte, die beschreiben, was Sie können. In der Spalte rechts machen Sie Häkchen, welche der Fähigkeiten Sie auch einsetzen wollen.

Versuchen Sie Fähigkeiten möglichst aktiv und positiv auszudrücken. Dies ist eine gute Vorlage für Ihre Bewerbung. Wenn Sie alle Punkte gesammelt haben, setzen Sie Prioritäten. Geben Sie jener Tätigkeit eine 1, die für Sie am wichtigsten ist. Die Nummer 1 ist die Tätigkeit, die Sie in der Vergangenheit gerne ausgeübt haben und auch weiter ausüben würden.

Auch als Absolvent ohne Berufserfahrung können Sie eine Tätigkeits-Top-Ten erarbeiten. Denken Sie an Ehrenämter, Praktika oder Semesterjobs. Ganz sicher hatten Sie schon Gelegenheit, Ihr Können unter Beweis zu stellen – und dabei zu spüren, welche Tätigkeiten Ihnen mehr und welche Ihnen weniger liegen.

Übung: Erstellen Sie Textbausteine aus Ihren Aussagen. Dabei müssen Sie nicht immer die genaue Reihenfolge einhalten. Variieren Sie je nach Anforderungen des Arbeitgebers und nach Aufgabe.

Achten Sie auf Stelleninserate, in denen »Ihre« Fähigkeiten genannt werden.

//Halten Sie Ihr Fähigkeitsprofil schriftlich fest

Fähigkeit/Aktion	Priorität
Teams zum Erfolg führen	1
Präsentieren	2
Termine überwachen und einhalten	6
Budgets überwachen und einhalten	7
Motivieren	3
Lösungen finden, wenn es Probleme gibt	4
Sich im internationalen Umfeld bewegen	5
Kontakte zu Firmen herstellen/akquirieren	
Komplexe Sachverhalte einfach erklären	9
Vorgesetzte überzeugen	8
Kunden überzeugen	
Konzepte schreiben	
Vorträge halten	
Programmieren	

Übung: Erstellen Sie jetzt Ihr persönliches Fähigkeitsprofil:

Fähigkeit/Aktion	Priorität

Beweisen Sie Ihre Fähigkeiten!   b@w

► Jetzt liegt der Ball schon fast vor dem Tor. Sie brauchen nicht mehr viel, um einen Treffer zu platzieren. Sie haben Ihre Fähigkeiten bereits auf den Punkt gebracht. Ihre Top-Ten-Liste legt dar, was Sie machen möchten und wo Sie Ihre Prioritäten und Ihre Grenzen setzen. Nun müssen Sie noch die »Beweise« und die Belege für Ihre Fähigkeiten und Ihre beruflich relevante Erfahrung zusammenstellen.

Schließlich kann jeder behaupten, dass er ein genialer Organisator, ein ausgefuchster Controller oder cleverer Marketing-Stratege ist. »Beweise« in einer Bewerbung sind:

- Zeugnisse
- Tätigkeitsnachweise
- Referenzen

»Belege« sind Aussagen, die Behauptungen untermauern. Sammeln Sie solche Belege und Beweise frühzeitig. Vor allem persönlich formulierte Referenzen sind eine hervorragende Ergänzung zum Zeugnis und wirken oft besser als dieses selbst.

//Ihr Fähigkeitsprofil mit Beweisen und Belegen

Fähigkeit/ Aktion	Priorität	Beleg
Teams zum Erfolg führen	1	Ich bin ein guter Coach, sorge dafür, dass jeder im Team in seiner Rolle aufgeht und seine Leistung optimal entfaltet. Beleg ist die erfolgreiche Einführung eines Customer-Relationship-Management-Systems, mit dem sich am Ende auch alle Mitarbeiter identifizieren konnten (steht auch im Zeugnis).
Präsentieren	2	Mehr als 100 erfolgreiche Präsentationen vor Kunden: In der Regel haben sich alle begeistert geäußert. Sehr gute Kenntnisse in Powerpoint. Beherrschung von Flipchart, Whiteboard. Exzellenter freier Redner.
Termine überwachen und einhalten	6	In drei Jahren ein einziger Terminverzug.
Budgets überwachen und einhalten	7	Ganz selten waren Nachbesserungen nötig. Budgetüberziehung immer nur im Rahmen von ein bis drei Prozent. Kundenlob.
Motivieren	3	Alle Mitarbeiter sind an Bord geblieben, geringe Krankheitsrate, viele freiwillige Überstunden.
Lösungen finden, wenn es Probleme gibt	4	Basis ist mein technisches Know-how aus dem Studium. Ich habe stets gemeinsam mit dem Team nach Lösungen gesucht, auch wenn es scheinbar nicht weiterging.

Fähigkeit/ Aktion	Priorität	Beleg
Sich im internationalen Umfeld bewegen	5	Beispiel: Ein Kunde verfolgte plötzlich eine ganz andere Zielrichtung, wir haben eine gemeinsame Lösung gefunden. Von ihm habe ich nach Abschluss des Projektes eine sehr gute persönliche Referenz erhalten.
Kontakte zu Firmen herstellen/akquirieren		Mindestens zweimal im Monat in Frankreich oder Großbritannien. Täglich Gespräche auf Englisch. Ein Mitglied meines letzten Arbeitsteams sprach nur Englisch.
Komplexe Sachverhalte einfach erklären	9	Dafür haben mich Mitarbeiter immer wieder gelobt. Ich kann selbst Nichttechniker an komplizierte Themen heranführen.
Vorgesetzte überzeugen	8	Ich habe immer wieder von notwendigen Kurskorrekturen überzeugen können, selbst wenn zunächst alle dagegen waren. Dabei hilft mir eine systematische und zielgerichtete Art der Argumentation.
Kunden überzeugen		Das kann ich gut und es macht mir Spaß.
Konzepte schreiben		Wenn ich meine Gedanken und Überlegungen erst einmal durchstrukturiert habe, ist das meine leichteste Übung.
Vorträge halten		Ungern.
Programmieren		Ungern, mir fehlt die Praxis.

Übung: Und jetzt sind Sie dran:

Fähigkeiten	Priorität	Beleg

//Fähigkeitsprofil für Textbausteine verwenden

Anhand des ausgefeilten Profils fällt es Ihnen sicher noch leichter, Textbausteine zu entwickeln, die Sie immer neu zusammengesetzt für Ihre Bewerbungen brauchen können.

Übung: Verfassen Sie mindestens vier Textbausteine nach dem folgenden Muster, aber anhand Ihres persönlichen Profils.

Beispiel:

- Mein Talent liegt darin, Teams auf ein gemeinsames Ziel einzuschwören und planmäßig zum Erfolg zu führen. So habe ich 2002 ein Customer-Relationship-Management-System implementiert. Das Projekt ist gelungen: Danach ist die Kundenzufriedenheit im festgelegten Zeitraum um 20 Prozent gestiegen.

- Ich motiviere meine Mitarbeiter und finde gemeinsam mit ihnen Lösungen. Dies gilt sowohl für technische Probleme als auch für Fragen in der Zusammenarbeit. Lesen Sie dazu beiliegende Referenz eines Kunden, der sich bei mir dafür bedankt, »dass Sie nicht wie andere an Ihrer Stelle die Augen verschlossen, sondern Schwierigkeiten offen angesprochen und überwunden haben«.
- Kunden schätzen meine ausgeprägte Fähigkeit, Konzepte und Ergebnisse spannend zu präsentieren und Laien technische Zusammenhänge leicht verständlich darzulegen – selbstverständlich auch in Englisch. Mehrfach lobten Kunden mich dafür, dass ich Budgets und Termine stets unter Kontrolle habe.

Das Persönlichkeitsprofil: Wer sind Sie?

► Falls in Ihrem Tätigkeitsprofil steht, dass Sie argumentativ überzeugen und exzellent präsentieren können, fließen Tätigkeit und Persönlichkeit (persönliche Fähigkeiten) ineinander. Das ist ein Idealzustand, so soll es sein. Softskills, die so genannten weichen Fähigkeiten, sind für ein Unternehmen nur dann interessant, wenn sie auch eingesetzt werden können. Deshalb macht es wenig Sinn, sie losgelöst von Ihren Tätigkeiten zu beschreiben.

Tipp: Formulierungen wie »Ich bin dynamisch, teamfähig und flexibel«, die sich so oder ähnlich in jedem zweiten Bewerbungsanschreiben finden, vermeiden, sie verbreiten nur heiße Luft.

//Softskills werden in jedem Berufsbild gebraucht

Aber natürlich gibt es eine Reihe von Berufsbildern, in denen persönliche Fähigkeiten und Tätigkeit auf den ersten Blick nicht zusammenfallen. Ein Netzwerkadministrator beispielsweise betreut das firmeninterne Netz und hat hier vor allem technische Aufgaben. Doch wie sieht diese Betreuung im Alltag aus? Ein solcher, eigentlich technischer Mitarbeiter kann sich durch verschiedene Softskills besonders auszeichnen: Er kann bei seiner Arbeit besonders zuverlässig sein, stets den Blick für das Ganze bewahren, immer prompte Lösungen bei Problemen suchen. Vielleicht ist er ein immer freundlicher Ansprechpartner oder jemand, der nie krank wird und stets guter Laune ist.

Übung: Ergänzen Sie Ihr Profil nun um Eigenschaften, die Sie besonders auszeichnen und die in Ihrem Beruf nützlich sind. Lassen Sie die Aussagen nicht einfach im Raum stehen, sondern sammeln Sie auch hier Belege. Wie hilft die entsprechende Eigenschaft bei der täglichen Arbeit? Beim Belegsammeln können Sie in verschiedene Richtungen denken:

- Hat einmal ein ehemaliger Vorgesetzter etwas über Sie gesagt, das die Eigenschaft betrifft?
- Was sagen Kollegen über Sie?
- Wie haben sich Kunden und Geschäftspartner geäußert?
- Welche Konsequenzen und Folgen ergeben sich daraus?
- In welcher konkreten Situation hat sich die Eigenschaft als nützlich bewährt?

Das Kenntnisprofil: Ihr Wissen   b@w

► In der Regel haben Sie eine Reihe von Hardskills, spezielles und angelerntes Wissen, erworben, um bestimmte Tätigkeiten auszuüben.

Ein Beispiel: Paulas Freund Peter beherrscht unter anderem die Meilensteintechnik und den Umgang mit der Projektmanagement-Software MS Project. Die Kenntnis der englischen Sprache versetzt ihn in die Lage, im internationalen Kontext zu arbeiten. Da er die Grundlagen der Finanzplanung verinnerlicht hat, kann er ein Budget aufstellen.

//Vervollständigen Sie Ihr Kenntnisprofil

Ihre Kenntnisse resultieren aus Hochschulstudien, Ausbildungen, Weiterbildungen und autodidaktischem Lernen. Sie können sie auf Reisen, durch Lesen, während Ihrer Berufspraxis erworben haben. Nicht alle Kenntnisse können Sie praktisch verwenden. Trotzdem ist es nützlich, sich die eigenen Kenntnisse einmal möglichst vollständig vor Augen zu führen. Den relevanten Teil lassen Sie später in Anschreiben oder Lebenslauf einfließen.

Besitzen Sie einen technischen Hintergrund, so ist Ihr Kenntnisprofil die Basis für eine weitere Seite, die Sie dem Lebenslauf hinzufügen sollten. Auf dieser Seite beschreiben Sie ganz genau, mit welchen Techniken Sie bereits in Berührung gekommen sind, in welchem Zusammenhang und wie intensiv dieser Kontakt ausgefallen ist. Eine einfache Liste von Techniken und Software reicht nicht aus. Ein Programmierer setzt sich intensiver mit einer Programmiersprache auseinander als ein Projektleiter, der vor allem den Überblick und den Blick für das große Ganze wahrt.

Übung: Verfassen Sie möglichst vollständig Ihr Kenntnisprofil nach folgendem Muster:

Kenntnis/ Wissen	Wie gut/wie tief gehend?	Wie erworben?	Relevanz für den Beruf
BWL	Grundlagen	Weiterbildung, Berufspraxis	hoch
Projektmanagement-Techniken	sehr gut	verschiedene Kurse und Seminare, 7 Jahre Praxis	hoch
Verhandlungstaktiken	sehr gut	Seminar, Berufspraxis	hoch
Englisch	verhandlungssicher	Berufspraxis, University of Cambridge	hoch
Französisch	gut	Schule und Urlaub	mittel
Powerpoint	sehr gut	5 Jahre Berufspraxis	mittel
ERP-Systeme	sehr gut	5 Jahre Berufspraxis	hoch
CRM-Systeme	sehr gut	5 Jahre Berufspraxis	hoch
Training und Schulung	gut	6 Monate Berufspraxis	niedrig
Programmiersprache C++	mittel	1 Jahr Berufspraxis	niedrig

Das Leistungsprofil: Protokoll Ihrer Erfolge

Paula sagt: »Mein größter Erfolg ist, dass ich dieses neue Produkt er-folgreich in Bayern eingeführt habe.«

► Jeder kann einen Beruf ausüben. Aber ist er dabei auch erfolg-reich? Erfolge sind die Grundlage, um Leistung richtig einschätzen zu können. Viele Lebensläufe kranken daran, dass die Bewerber zwar schreiben, was sie getan haben, aber nicht, wie sie in ihrem Job waren und was sie erreicht haben.

Tipp: Auch Absolventen haben Erfolge! Vielleicht haben Sie während eines Praktikums etwas Besonderes geleistet. Oder im Laufe des Studiums, im Ehrenamt oder im Verein. Sicher gibt es etwas, auf das Sie stolz sind und das eine Fähigkeit belegt, die Sie beruflich nutzen können.

//Faktenorientierung bei der Beschreibung

Je leistungsorientierter Ihr Job, desto faktenorientierter sollten Sie Ihre Erfolge darlegen. Eine Führungskraft muss Zahlen und Fakten nennen: zum Beispiel »Gewinnsteigerung um 30 Prozent«, »Über-tragung von Prokura im April 2003«.

Auch ein Sachbearbeiter soll Erfolge aufführen. Diese sollten aber im direkten Umfeld seiner Tätigkeit zu finden sein. Für eine Um-satzsteigerung kann er direkt gar nicht verantwortlich sein, auch wenn er vielleicht viel dazu beigetragen hat.

Jeder Erfolg ist deshalb eng mit der jeweiligen Position verknüpft. Die Fähigkeiten, die Sie hier genutzt haben, sollten allgemein gültig und auch im nächsten Job wegweisend sein (Durchhaltevermögen, strategische Vorgehensweise etc.).

Übung: Schreiben Sie Ihre größten Erfolge nieder. Falls Ihnen nicht sofort etwas dazu einfällt, beantworten Sie einfach folgende Fragen:

- Worauf sind Sie richtig stolz?
- Wofür hat Sie Ihr Chef einmal besonders gelobt?
- Wofür haben Kunden Sie gelobt?
- Was hat die Presse zu Ihrer Leistung gesagt (Beispiel: preisge-krönter Messestand, ausgezeichnet aufgrund besonders offener Unternehmenskommunikation)?
- Welches schwierige Projekt haben Sie erfolgreich zu Ende geführt?
- Was wird in Ihrem Zeugnis explizit positiv hervorgehoben?

Sammeln Sie Erfolge, die Ihnen einfallen, in Ihrer Bewerbungs-biografie. Sie werden zwar immer nur ein bis zwei in Ihren Unter-lagen anführen können. Sie können jedoch auch im Vorstellungs-gespräch aus diesem Pool schöpfen und zudem je nach Stelle ein anderes Projekt in den Vordergrund schieben.

Die richtige Bezeichnung – den Beruf beim Namen nennen

»War ich nun Mitarbeiterin im Vertrieb oder Vertriebsassistentin?«, fragt Paula. Auf meiner Visitenkarte stand: »Paula Peter, Vertrieb Deutschland.«

► Sehr häufig klemmt es bei der Berufsbezeichnung, immer weni-ger Menschen können diese eindeutig fassen. Klare Berufsbilder wie Bäcker und Buchhalter gibt es immer weniger. Stattdessen wächst die Anzahl an Menschen, die sich vor allem dadurch auszeichnen, dass sie bestimmte Tätigkeiten ausüben – nicht aber »richtige« Berufe. Die Liste dieser Tätigkeiten verändert sich im Laufe des

Lebens. Es entstehen Schwerpunkte. Diese Schwerpunkte verschieben sich aber hin zu neuen Tätigkeiten. Mit den Ausgangsausbildungen haben Sie dann oft nur noch wenig zu tun. So besitzt die IT-Systemkauffrau einen Schwerpunkt im Vertrieb und Marketing oder im Kaufmännischen, so mag der Diplom-Kaufmann sich als Controller eignen oder als Marketingreferent – je nachdem, wo Ausbildungsschwerpunkte lagen und auf welche Bereiche sich die Berufspraxis konzentrierte.

//Berufsbezeichnungen im Fluss – und in der Mode

Fast alle Bewerber halten sich an Ihren Ausbildungs- und Studienabschlüssen sowie den Berufsbezeichnungen auf ihrer Visitenkarte fest. Nur: Was bitte ist ein Head of New Business Development? Was macht ein International Duty Free Manager? Und was genau hat man sich unter den Aufgaben eines Senior Project Managers vorzustellen? Solche Tätigkeitsbezeichnungen sollten Sie in jedem Fall »ins Deutsche« übersetzen.

Tipp: »Mitarbeiter« oder »Angestellter« beschreiben eine Tätigkeit denkbar unkonkret. Versuchen Sie Tätigkeitsbezeichnungen zu finden, die deutlicher sagen, was Sie getan haben, auch wenn der Begriff nicht auf Ihrer Visitenkarte gestanden hat.

Fazit: Paula sollte sich dann als »Vertriebsassistentin« bezeichnen, wenn sie im Vertrieb dem Leiter zugearbeitet hat. Sie sollte den Begriff »Sachbearbeiterin« wählen, wenn sie für einen bestimmten, abgegrenzten Bereich zuständig war.

Standortbestimmung: von wo nach wo?

»Ich habe als Student zehn Stunden in der Woche in einer Unterneh-mensberatung Präsentationen erstellt. Ist das denn schon Berufserfah-rung?«, fragt Paul.

► Man glaubt vielleicht, dass Berufseinsteiger es leicht haben, denn sie wissen, dass sie für die Erfahrung den ersten Job brauchen. Ganz falsch! Denn auch Einsteiger können schon Erfahrung haben: Zählen die zwei Jahre Teilzeit bei der Unternehmensberatung XY nun als Berufspraxis oder nicht? Die Antwort: Wenn Sie zwei Jahre einen Teilzeitjob hatten, haben Sie natürlich Berufserfahrung ge-sammelt – selbst, wenn Sie keine offizielle Berufsbezeichnung hat-ten und nur als »studentische Aushilfskraft« bezeichnet worden sind.

Wer schon ein paar Jahre im Job ist, hat es aber meist noch schwerer. Dies gilt vor allem, wenn Erfolge oder erste Leitungsposi-tionen den Berufsweg schmücken. Welche Position kann ich als ehemaliger Teamleiter in einem mittelständischen Unternehmen bei einem internationalen Konzern anstreben? Darf ich mich als Senior-Produktmanager für einen einfachen Posten als Produktma-nager interessieren, wenn dieser laut Stellenprofil aber mit wichti-geren Aufgabengebieten ausgestattet ist?

//Immer weniger vertikale Karrieren

Auf diese Fragen gibt es keine pauschale Antwort. Tatsache ist, dass die Zeit der vertikalen Karrieren vorbei ist. Es geht nicht mehr für jeden Stufe um Stufe nach oben. Dazu gibt es zu wenig Füh-rungspositionen und gerade die untere und mittlere Ebene wird der-zeit abgebaut. Keine Karrieretreppe verträgt all die Aufsteiger, die im Zweijahresrhythmus nach oben streben. Bei der Karriereplanung

steht in Zukunft also im Mittelpunkt, dass die ausgeübten Tatigkei-
ten im Laufe des Berufslebens verantwortungsvoller werden. Darin
sollte eine Entwicklung spürbar sein, ein beruflicher Reifungs-
prozess.

Verkaufen Sie sich mit USP

► Das letzte Kapitel Ihrer Bewerbungsbiografie beschäftigt sich mit
Ihrer Vermarktung. Vermarktung hat nichts – wie oft vermutet –
mit Verzerrung oder der Vorspiegelung falscher Tatsachen zu tun.
Es bedeutet, dass Sie sich in ein Licht rücken, das Ihre Vorzüge
betont.

//Heben Sie sich ab und machen Sie es anders

Das Marketing kennt dabei zwei Strategien:

01. Me too (Nachahmung) und
02. USP (Unique Selling Proposition: Was können Sie anbieten,
    das Sie einzigartig macht?).

Me too bedeutet, dass Sie beispielsweise erfolgreiche Bewerbungen kopieren. So kopieren viele Bewerber die Beispiele aus erfolgrei-
chen Bewerbungsbüchern sowohl inhaltlich als auch von der
Gestaltung her. Diese Muster sind Personalern aber meist schon
bekannt und lösen eher negative Assoziationen aus. Viel schwerer
wiegt, dass jeder Bewerber einen individuellen Lebenslauf hat und
sich selbst bei Absolventen des gleichen Studiums an derselben Uni
mit identischen Noten immer noch Unterschiede auftun – sei es
bei den Praktika oder den Sprachkenntnissen.

Tipp: Me-too-Bewerbungen kommen bei Personalern in der Regel nicht gut an! Widerstehen Sie der Versuchung, aus Büchern zu kopieren und nur Ihre Daten einzutragen – das wirkt niemals authentisch!

//Sie sind einzigartig – nutzen Sie Ihr USP

Besser ist also sicher die USP-Strategie, d. h., Sie setzen auf Ihren einzigartigen Verkaufsvorteil. Produkte – und als Bewerber bauen Sie sich ja als solches auf – mit USP besitzen ein Alleinstellungs-merkmal, etwas Besonderes. Dieses muss nicht unbedingt fach-licher Natur sein, sondern kann auch aus dem persönlichen Bereich stammen. Es kann auch ganz simpel sein: Dass Sie sofort verfügbar sind, kann für Sie ein entscheidender Vorteil sein. Falls eine Posi-tion dringend zu besetzen ist, ist dies ein wichtiges Argument.

Lernen Sie die Mitbewerber-USPs kennen

► Um Ihren USP zu ermitteln, müssen Sie zunächst einmal Ihre Mitbewerber kennen lernen oder wenigstens eine Ahnung von Ihnen erlangen. Dabei können Sie normalerweise nur Vermutungen anstellen, da Sie ja nicht wissen, wer sich zusammen mit Ihnen für die gleiche Stelle interessiert. Vergleiche können Sie trotzdem ziehen. Schauen Sie sich etwa Präsentationen und Bewerbungs-Webseiten im Internet an. Lesen Sie Beispielbewerbungen in Zeit-schriften, die von Bewerbern mit ähnlichem Profil stammen. Schauen Sie sich die Stellengesuche in den überregionalen Wirt-schaftszeitungen und in Ihrer Tageszeitung an.

Übung: Besorgen Sie sich solche Beispielbewerbungen aus den ge-nannten Medien. Sammeln Sie gezielt für die Branche oder Tätigkeit, in der oder für die Sie sich auch bewerben möchten. Arbeiten Sie heraus, welche Aspekte die Bewerber betonen. Überlegen Sie im einzelnen Fall, warum der Bewerber dies geschrieben hat, welchen USP er also seinem zukünftigen Unternehmen oder der Branche anbietet.

Die eigene Produktinformation erstellen

► Jetzt haben Sie einen guten Überblick über die USPs Ihrer potenziellen Mitbewerber. Und nun arbeiten Sie Ihren USP heraus. Stellen Sie sich vor, Sie würden eine Produktbeschreibung für ein Auto aufsetzen – faktenorientiert und trotzdem emotional. Nehmen Sie noch einmal Ihr Profil zur Hand. Enthält das schon Ihren spezifischen USP? Ist die Produktbeschreibung schon »sexy« genug? Können Sie ihr an der einen oder anderen Stelle etwas hinzufügen, sie kantiger und spezifischer machen?

Übung: Formulieren Sie kurz und klar Ihren USP. Was unterscheidet Sie vom Wettbewerb?

Warum sollte ein Unternehmen mich einstellen und nicht den Mitbewerber?

_____

_____

_____

_____

Produktinformationen in Unternehmen haben die Aufgabe, unterschiedliche Stellen über ein neues Produkt zu informieren. Deshalb müssen sie alle wichtigen Fakten beinhalten und gleichzeitig werbewirksam formuliert sein. Sie enthalten auch Aussagen über den USP und die weiteren Verkaufsargumente. Von einer solchen Produktinformation können Sie sich für das letzte Kapitel Ihrer Bewerbungsbiografie eine Menge abschauen. Mit den nächsten Übungen werden Sie Schritt für Schritt Ihre »Produktinformation« verfassen.

//Markenzeichen: gestalten Sie Ihre »Verpackung« ansprechend

Stellen Sie sich eine Reihe weißer Pakete vor. Alle sind mit Knusperflocken gefüllt. Aber wo sind die besonders schmackigen, die besonders knusprigen, die besonders schokoladigen? Ohne die äußeren Markenzeichen auf der Verpackung erkennen Sie die Marke nicht. Marken dienen der Orientierung, Identifikation und Qualitätssicherung.

Wenn Sie sich auf dem Arbeitsmarkt als Produkt positionieren, müssen Sie es nicht nur mit Kriterien versehen, also Ihren Fähigkeiten und Fertigkeiten, Sie müssen auch die Verpackung ansprechend gestalten. Der »Käufer« – also der Personalentscheider oder Fachverantwortliche – soll Vertrauen zu Ihnen schöpfen.

Übung:

- Welche Qualitätsnachweise bringe ich mit? Schreiben Sie Ihre Abschlüsse auf. Noten sind dann wichtig, wenn sie gut sind.

_____

_____

_____

- Nennen Sie namhafte Universitäten oder Ausbildungsbetriebe.

_____

_____

_____

- Wenn Sie schon länger im Beruf sind: Als was haben Sie gearbeitet, welches waren Ihre Funktionen?

_____

_____

_____

- Was waren Ihre herausragendsten Leistungen?

_____

_____

_____

- Scheuen Sie sich nicht, auch bekannte Professoren anzuführen, bei denen Sie studiert haben.

_____

_____

_____

- Notieren Sie Referenzen. Das sind Personen, die für Sie einen Qualitätsnachweis erbringen. Dies kann ein Professor sein, ein ehemaliger Arbeitgeber und auch jemand, der Sie aus einer ehrenamtlichen Tätigkeit kennt.

_____

_____

_____

- Welche Branchenerfahrung besitzen Sie?

_____

_____

_____

//Beweisen Sie Ihr Leistungsvermögen

Kommen wir nochmals auf den Autoprospekt zurück. Wenn Sie sich für ein Auto entscheiden wollen, wird ein entscheidendes Kriterium die Anzahl der PS sein, bestimmt diese doch das Tempo und auch die Kosten der Versicherung. Leistungsfähigkeit ist natürlich auch ein wichtiges Kriterium für Ihre Bewerbung.

Übung:

- Woran lässt sich meine Leistungsfähigkeit messen? Dies kann die Anzahl der Semester sein, in denen Sie ein Studium beendet haben. Es kann aber auch die Schnelligkeit sein, in der Sie innerhalb eines Unternehmens aufgestiegen sind. Auch Zuverlässigkeit gehört in diese Kategorie.

_____

_____

_____

_____

_____

_____

- Welche Ambitionen haben Sie? Sind Sie jemand, der gerne aufs Gaspedal tritt, oder bedeutet Karriere für Sie eine gleichmäßige Entwicklung von Erfahrung und Know-how?

_____

_____

_____

- Was motiviert Sie? Welche Anreize sind für Sie wichtig? Dies kann Weiterbildung sein oder die Arbeit innerhalb eines Teams.

_____

_____

_____

//Fassen Sie Ihre weiteren Leistungsdaten zusammen

Den ersten Teil Ihrer »Produktbeschreibung« haben Sie nun erstellt. Jetzt fehlen noch die weiteren Eckdaten.

Übung:

- Wie viele Jahre Berufserfahrung besitzen Sie?

_____

_____

_____

- Welche Sprachen sprechen Sie?

_____

_____

_____

● Welche sonstigen Kenntnisse, etwa im Bereich der EDV, besitzen Sie? Technikern empfiehlt sich ein separates »Leistungsblatt«, auf dem sämtliche Erfahrungen und Kenntnisse notiert sind.

_____

_____

_____

//Softskills: Ihre persönlichen Trumpfkarten

Was nutzt der perfekte Kandidat, wenn er nicht ins Team oder zur Unternehmenskultur passt? Lassen Sie deshalb nie Ihre »Softskills« außer Acht.

● Was können Sie besonders gut?

_____

_____

_____

● Wofür haben andere Sie schon oft gelobt?

_____

_____

_____

● Sind Sie ein Teamplayer oder jemand, der gerne eigenständig arbeitet?

_____

_____

_____

Die Guten ins Töpfchen – wählen Sie aus

▶ Betrachten Sie jetzt die Punkte aus der Stoffsammlung, die Sie gerade angelegt haben. Versuchen Sie diese in eine Rangfolge zu bringen. Welche Argumente sind für Sie persönlich am wichtigsten? Nicht für jeden entscheiden PS, oft sind persönliche Stärken wichtiger als alles andere. Wenn Sie beispielsweise ein einzigartiges Talent haben, aus »dem Nichts« Organisationsstrukturen aufzubauen, so gehört dies ganz oben auf die Liste. Sprechen Sie zwei osteuropäische Sprachen, so kann dies je nach Berufswunsch von höherer Bedeutung als Ihre Berufsausbildung oder Ihr Studium sein. Berufspraxis wiegt bei einem älteren Bewerber möglicherweise fehlende Abschlüsse auf. Bei einem Absolventen dagegen ist das Studium meist ein Argument, das weit oben steht – jedoch durchaus nicht in jedem Fall. So kann eine neben dem Studium erworbene Erfahrung unter Umständen einen höheren Stellenwert besitzen als der Abschluss.

Übung: Priorisieren Sie jetzt die Liste. Kürzen Sie und fassen Sie Argumente zusammen, die zusammen genannt werden können. Trennen Sie schließlich externe und interne Faktoren. Externe Faktoren sind Faktoren, die für das Unternehmen wichtig sind. Interne Faktoren sind Faktoren, die für Sie selbst wichtig sind.

► Die Jobsuche

Je schlechter die Konjunktur, desto weniger Stellenofferten finden den Weg in die Öffentlichkeit. Das liegt nicht nur daran, dass die Zahl der Jobs zurückgeht. Offene Stellen werden auch seltener bekannt gemacht. Eine Stelle entsteht, lange bevor die Personalabteilung und die Außenwelt davon Wind bekommen. Die Keimzelle neuer Positionen sind strategische Entscheidungen wie die, sich künftig mehr auf den Kundenservice zu konzentrieren. Doch ob diese Stellen überhaupt öffentlich bekannt gemacht werden, ist aus vielen Gründen zunehmend unwahrscheinlich.

Der verdeckte Arbeitsmarkt

► Die Bewerberflut zwingt Unternehmen nahezu zum Rückzug: Auf jedes Stelleninserat gehen eher Hunderte als nur Dutzende Bewerbungen ein. Unternehmen sind von dieser Masse überfordert, viele kommen nicht einmal dazu, sich alle Eingänge auch wirklich anzusehen. Um die Zahl der Bewerbungen einzudämmen (und damit Kosten zu sparen), verlegen sich Firmen darauf, ihre Stellen nur noch einem speziellen Publikum bekannt zu machen. Sie veröffentlichen ihre Stellenausschreibungen zunächst nur intern oder ausschließlich auf ihrer Website. Dahinter steckt die Überzeugung, dass sich damit nur noch die tatsächlich an diesem speziellen Unternehmen interessierten Bewerber vorstellen. Andere Personalverantwortliche übergeben die Suche einem Personaldienstleister. Auch diese »Headhunter« schreiben teilweise nur noch auf der eigenen Homepage aus und suchen geeignete Kandidaten im vorhandenen Datenbestand.

//Verdeckter Stellenmarkt größer als öffentlicher

Nur etwa rund 35 Prozent aller verfügbaren Positionen finden den Weg in die Öffentlichkeit, weiß das Institiut für Arbeitsmarktforschung. Der Trend: Je qualifizierter der Job, desto unwahrscheinlicher, dass öffentlich gesucht wird. Es ist zu vermuten, dass Unternehmen, die die Arbeitsagentur normalerweise meiden und den Weg über die Zeitschrift oder Internet-Jobbörsen wählen, insgesamt zurückhaltend bei der Veröffentlichung von freien Positionen sind.

Anders ausgedrückt: Fast zwei Drittel aller Stellen werden »unter der Hand vergeben«, lange bevor eine Stellenausschreibung platziert wird. Kann sein, dass da persönliche Beziehungen eine Rolle spielen – was ja nicht mal gegen die Qualifikation des Bewerbers spricht. Gut möglich, dass bereits Initiativbewerbungen mit passenden Kandidaten vorliegen, die zuerst kontaktiert werden. In jedem Fall sucht der Arbeitgeber in seinem eigenen Umfeld, lange bevor er jemanden mit der Suche beauftragt.

//»Sorry, schon vergeben«

Immer mehr Arbeitgeber suchen auch direkt bei anderen Firmen nach qualifiziertem Personal. So ist es an der Tagesordnung, dass Unternehmen, die Personal abbauen, von suchenden Firmen oder Personaldienstleistern kontaktiert werden. Ganz klar: Diese Firmen wissen, dass bei Firma XY kompetente Mitarbeiter am Werk waren, und erhoffen sich Tipps von der Personal- oder Geschäftsleitung, wen sie ansprechen können.

Stellen im öffentlichen Dienst sind häufig schon vergeben, wenn Sie öffentlich ausgeschrieben werden. Zwar müssen Positionen in der Verwaltung publik gemacht werden, jedoch erfolgt die Veröffentlichung oft zu einem Zeitpunkt, zu dem häufig schon »inoffizielle« Bewerbungen vorliegen. Das Schalten eines Inserats, der Aushang am schwarzen Brett ist dann oft nur noch reine Formsache.

//Fakten und Konsequenzen für Ihre Jobsuche:

- Zwei Drittel aller Stellen werden nie öffentlich ausgeschrieben. Sie müssen es schaffen, trotzdem davon zu erfahren.
- Immer mehr Unternehmen suchen nur noch über die eigene Website. Besuchen Sie regelmäßig die Webseiten Ihrer Wunscharbeitgeber.
- Je qualifizierter der Job, desto unwahrscheinlicher, dass er überhaupt veröffentlicht wird. Sie müssen sich als Spezialist bekannt machen.
- Arbeitgeber schauen immer zuerst in ihrer näheren Umgebung nach geeigneten Kandidaten. Nutzen Sie Ihre Kontakte, damit Sie hier ins Blickfeld der Arbeitgeber kommen.
- Firmen suchen qualifizierte Mitarbeiter oft bei Unternehmen, die gerade Mitarbeiter entlassen haben. Suchen Sie den Kontakt zu Personalabteilungen, machen Sie sich und Ihre Kenntnisse bekannt.

b@w Jobsuche – Ihr »Job vor dem Job«

► Für Sie bedeutet das: Seien Sie zur richtigen Zeit am richtigen Ort. Das ist kein Zufall, sondern sollte Ihre Strategie sein. Lesen Sie Aushänge, bringen Sie sich ins Gespräch, bewerben Sie sich initiativ. Konzentrieren Sie sich auf keinen Fall nur darauf, Internet-Jobbörsen und den Stellenteil von Tageszeitungen zu wälzen. Dies können nur zwei Maßnahmen von vielen sein.

Jobsuche bedeutet Arbeit, ist wie ein Projekt, das Sie erfolgreich planen und zielgerichtet führen und beenden. Um zum Erfolg zu kommen sollten Sie dagegen immer mehrere Strategien kombinieren. In den folgenden Kapiteln lernen Sie verschiedene Wege der Jobsuche kennen. Kombinieren Sie die Strategien, die Ihnen vor dem Hintergrund Ihres Berufes, Ihrer Branche und Ihrer Erfahrung sinnvoll erscheinen.

//Seien Sie da, wenn Ihre künftigen Chefs Sie suchen

Bevor Stellen ausgeschrieben werden, schaut sich jeder Firmenchef oder Personalentwickler die eigenen Mitarbeiter an. Ist da vielleicht jemand dabei, der den neuen Job machen könnte? Der hat sich schließlich bewährt, auf den kann der Chef vertrauen. Erst danach zieht er weitere Kreise. Gibt es einen Mitarbeiter, der einen geeigneten Bewerber kennt? Finden sich im privateren Umfeld Kandidaten: unter Freunden, Bekannten, Clubs oder Sportvereinen?

Das ist Ihre Chance! Sie müssen da sein, wenn und wo Ihr Chef sucht! Dazu müssen Sie sich sichtbar machen. Dies ist eine Aufgabe, die schon lange vor einer konkreten Jobsuche ansetzen sollte. Tragen Sie Ihre Kompetenzen nach außen.

Tipps zum »Sichtbarmachen«

- Bleiben Sie auch dann privat aktiv, wenn Sie beruflich sehr eingespannt sind.
- Sprechen Sie mit vielen verschiedenen Menschen.
- Hinterlassen Sie Spuren: Erst einmal durch Ihre Persönlichkeit, im Anschluss mit Visitenkarten und indem Sie regelmäßigen Kontakt suchen.
- Werden Sie Teil von Netzwerken. Diese können berufs- oder branchenbezogen sein. In den letzten Jahren haben sich auch viele Frauennetzwerke gebildet.
- Halten Sie Kontakt zu Menschen, die Sie im Beruf oder privat kennen gelernt haben.

> **Adressen:**
> - Menschen, die mit dem Internet arbeiten, treffen sich:
>   www.iworker.de
> - Networking-Plattform für berufstätige Frauen: www.feminity.net
> - Netzwerke im ganzen Bundesgebiet: www.jetztwerk.de
> - Open Business Club: www.openbc.com
> - Meeting Plus: www.meeting-plus.de
> - Frauen in den neuen Medien: www.webgrrls.de

Tipp: Diese Adressen werden im Internet-Workshop zu diesem Buch unter www.book-at-web.de ständig weitergeführt. Reinschauen lohnt sich also immer wieder! Und: Ergänzen Sie Ihre Tipps und helfen Sie anderen!

//Nutzen Sie Ihre privaten Netzwerke

Wußten Sie, dass jeder Mensch durchschnittlich 1.400 Bekannte hat? Das sind Menschen, die Ihnen im Lauf Ihres Lebens begegnet sind und mit denen Sie, wenn sie Ihnen begegnen, mehr als ein Kopfnicken austauschen würden. Überschlagen Sie einfach einmal, wie viele Menschen Sie selbst kennen gelernt haben. Überlegen Sie sich dann im nächsten Schritt drei konkrete Namen.

Auch wenn Sie bisher kein bewusstes Netzwerken betrieben haben: Sie werden überrascht sein, wie viele Menschen Sie in der Ausbildung, im Studium, bei vorherigen Stellen oder in der Freizeit kennen gelernt haben.

//Private Kontakte zur Jobsuche nutzen

Viele dieser Menschen könnten von einem Job wissen oder haben in ihrem eigenen Umfeld Personen, die Sie wiederum ansprechen können. Erstellen Sie eine Liste mit Namen. Welche dieser Personen könnte bei der Jobsuche behilflich sein? Wer könnte Ihren Lebenslauf an relevante Entscheider weiterleiten? Ziehen Sie Ihren Kreis möglichst groß. Wer könnte ein Türöffner für Sie sein? Wer arbeitet in einem Unternehmen, an dem Sie als Ihr potenzieller neuer Arbeitgeber interessiert wären?

Strategien:
- Definieren Sie ein Gesprächsziel. Was soll Ihr Kontakt für Sie tun? Treffen Sie eine Vereinbarung (Beispiel: Personalzeitung zuschicken, das schwarze Brett beobachten, Lebenslauf weiterleiten, Vorgespräche führen).
- Reden Sie nicht um den heißen Brei herum. Sagen Sie, warum Sie nach so langer Zeit den Kontakt suchen, und bringen Sie zum Ausdruck, dass auch Sie gerne helfen würden, wenn ...
- Vereinbaren Sie Folge-Gespräche (»Darf ich dich nächste Woche anrufen?«).

//Erfolgsfaktor Branchenwissen und -netzwerk

Schuster, bleib bei deinen Leisten – dieser Satz ist heute so aktuell wie früher. Er bezieht sich allerdings nicht mehr unbedingt auf den Beruf, sondern vor allem auf die jeweilige Branche. Branchenwissen ist ein ganz wesentlicher Erfolgsfaktor. Wer mehrere Jahre im Umfeld der Telekommunikation gearbeitet hat, wird nicht ohne weiteres in die Tourimusindustrie wechseln können. Oft kann die Branche auch noch auf den jeweiligen Bereich heruntergebrochen werden. Manche Segmente sind dann so speziell, dass nur eine Hand voll Bewerber dafür infrage kommt. Beispiel: Wer jahrelang mit Software für Krankenhäuser zu tun hatte, besitzt hier einen Wissensvorsprung, der kaum noch einzuholen ist. Er weiß, wer die wichtigen Räder im Getriebe sind, kennt Entscheider und Zusammenhänge. Sie sollten deshalb stets Kontakt zu den Mitbewerbern suchen.

Ideale »Börse« sind Messen und Veranstaltungen, auf denen »man« sich trifft.

Sie können sich aber auch mit Fachartikeln profilieren oder durch Beiträge in Foren im Internet. Warum nicht einfach einmal einen Kollegen bei einem Wettbewerber eine E-Mail schreiben und sich auf ein Bier treffen? Gehen Sie unkonventionelle Wege. Denken Sie bei allem, was Sie tun, daran, dass der Konkurrent von heute vielleicht der Arbeitgeber von morgen sein könnte.

Strategien für das Branchennetzwerken:
- Machen Sie sich sichtbar, indem Sie sich als Experte profilieren.
- Besuchen Sie Messen, Kongresse und Veranstaltungen.
- Treffen Sie sich mit Kollegen, die bei Mitbewerbern arbeiten.

//Schicken Sie Ihren gesamten Bekanntenkreis auf Jobsuche

Wenn Sie einen Job suchen, sollten Sie kein Geheimnis daraus machen. Teilen Sie allen Ihren Bekannten mit, welche Stelle Sie suchen, und bitten Sie Ihr Umfeld um Mithilfe. Beziehen Sie dabei ruhig auch entferntere Bekannte mit ein. Überlegen Sie gemeinsam, was derjenige für Sie tun kann. Geben Sie ihnen dabei konkrete Aufträge mit auf den Weg.

Strategien für Ihre »Job-Helfer«:
- Das schwarze Brett der eigenen Firma beobachten.
- Kantinenaushänge überwachen.
- Stellengesuche aufhängen oder an interessierte Personen weitergeben.
- Die hausinternen Personalmitteilungen mitbringen.
- In passenden Abteilungen nachfragen.
- Den eigenen Chef bitten, seinen Einfluss geltend zu machen.
- In der Personalabteilung nachfragen.
- Bei Kollegen umhören.

- Zettel mit Gesuchstexten an zentralen Stellen auslegen.
- Jeden Kollegen bitten, Ihr Gesuch an mindestens drei weitere Kollegen weiterzuleiten, die ihrerseits diese Info weitergeben.
- Gesuche auf Veranstaltungen an den/die Mann/Frau bringen.
- Entwickeln Sie eigene Ideen!
- _____

//Forschen Sie nach Stellenangeboten in allen Medien

Unternehmen können sich heute oftmals die »Rosinen« rauspicken. Diese Rosine sind meist nicht Sie: Fast immer gibt es irgendjemand, der besser, jünger, billiger ist – oder auch einfach nur aus dem regionalen Umfeld des Unternehmens stammt und deshalb einen Heimvorteil besitzt. Wenn Sie über das Stelleninserat in einem Massenblatt wie einer Tageszeitung zum Job kommen, so ist dies zu einem guten Teil auch Glückssache. Auch deshalb sollten Sie zusätzlich abseits vom Mainstream suchen. Die Tageszeitung beobachtet jeder, in Fachzeitschriften schauen schon weniger Menschen. Auch die Angebote der Arbeitsagentur werden häufig missachtet. Sicher schreiben hier keine Großkonzerne ihre Positionen aus. Doch das ein oder andere interessante Angebot kann sich trotzdem darunter befinden. Lassen Sie sich nichts entgehen!

Übung: Wo finden sich Stelleninserate für Ihren Job? Erstellen Sie eine Liste mit allen geeigneten Internetseiten, Tageszeitungen, Fachzeitschriften, Loseblattsammlungen und Informationsdiensten. Schauen Sie in alle Richtungen. Je spezieller Ihre Qualifikation, desto eher verschwinden auf Sie zugeschnitte Positionen aus dem Blickfeld der Öffentlichkeit. Lassen Sie sich möglichst keine Publikation entgehen. Falls möglich, abonnieren Sie die Stellenangebote per E-Mail, sodass Sie immer auf dem neuesten Stand sind.

Bestimmte Berufsgruppen haben eigene Organe, etwa Berufsverbände. Diese geben Zeitschriften heraus, in denen Anzeigen veröffentlicht werden. Darüber hinaus existieren oft auch Internetportale, die sich an Berufsgruppen wenden. Auch jede Branche hat ihre eigenen Zeitungen und Zeitschriften, in denen häufig auch Stellenanzeigen gedruckt werden. Daneben existieren oft auch branchenbezogene Angebote im Internet, etwa Branchenstellenmärkte.

//Adressbuch Stellenmärkte

Medien für Fach- und Führungskräfte:

Print

- Frankfurter Allgemeine Zeitung
- Süddeutsche Zeitung
- Eventuell WELT
- Die ZEIT bei wissenschaftlichen Positionen
- Sowie die jeweiligen Fach- und Branchenmagazine

Online

- Die beste Komplettübersicht über Stellenmärkte im Internet finden Sie unter www.crosswater-systems.com
- www.jobpilot.de
- www.stepstone.de
- www.monster.de
- www.jobware.de
- www.mamas.de
- www.jobsintown.de

Branchenbezogene Stellenmärkte

- Gastro- und Touristik: www.hotelstellenmarkt.de
- Internationale technische Zusammenarbeit: www.gtz.de
- Werbung und Kommunikation: www.wuv.de und www.horizont.net
- Marketing: www.marketing-stellenmarkt.de

- Ingenieure: www.ingenieurkarriere.de
- Recht: www.marktplatz-recht.de/stellenmarkt/
- Textil: www.twnetwork.de

Regionale Stellenmärkte
- Bayern: www.bayern-job.de (Stepstone)
- Hamburg: www.hh-job.de (Stepstone)
- Hessen: www.hessen-job.de (Stepstone)
- Köln: www.koelner-job-stellenmarkt.de
- Mecklenburg-Vorpommern: www.mv-job.de
- Ostdeutschland: www.stellenmarkt-ost.de
- Westfalen: www.westfalen-job.de (Stepstone)

//Bringen Sie sich in das Blickfeld von Personaldienstleistern

Gute Fach- und Führungskräfte werden auch von Personaldienstleistern gesucht – manche von diesen werden sogar schon in unteren Gehaltsklassen aktiv. Die Aufgabe eines solchen Headhunters ist es, den optimalen Kandidaten für eine Position ausfindig zu machen. Dabei bringt er viel Hintergrundwissen über das suchende Unternehmen – seinen Auftraggeber – in diese Suche mit ein. Fast alle guten Headhunter sind spezialisiert auf bestimmte Branchen oder Berufe. Ihre Aufgabe als Jobsuchender ist es, die richtigen ausfindig zu machen. Recherchieren Sie dazu im Internet und in Branchenverzeichnissen. Bei www.consultants.de ist eine kostenpflichtige Übersicht erhältlich.

//Sprechen Sie mit Zeitarbeitsfirmen

Zeitarbeit kann ein guter Einstieg in einen festen Job sein und ist längst kein Schandfleck mehr im Lebenslauf. Trotzdem wird es Ihre zweite Wahl bleiben. Und zudem ist der Einstieg viel schwerer als früher. So haben viele Zeitarbeitsfirmen inzwischen interne Altersgrenzen und suchen nur noch in speziellen Bereichen. Sprechen Sie mit den großen Anbietern in Ihrer Umgebung über Möglichkeiten – ganz unverbindlich. Danach können Sie immer noch entscheiden, ob dies der richtige Weg für Sie ist.

> **Adressen:**
> - www.adecco.de
> - www.manpower.de

b@w Initiativ bewerben mit Plan und Strategie

► Eine Bewerbung heißt Blindbewerbung, wenn Sie sie einfach auf gut Glück versenden, obwohl es zuvor keine entsprechende Stellenanzeige in der Zeitung oder online gegeben hat. Eine Blindbewerbung hat auch keinen konkreten Ansprechpartner im Unternehmen, sondern geht an die »Damen und Herren«. Eine Blindbewerbung ist deshalb ein (wirtschaftliches und motivatorisches) Risiko, weil Sie nicht wissen, ob überhaupt jemand Interesse an der Bewerbung hat.

//Initiativbewerbung statt Blindbewerbung!

Entscheiden Sie sich deshalb lieber für eine Initiativbewerbung! Die heißt so, weil die Initiative von Ihnen ausgeht – auch die Initiative, erst einmal nachzuforschen und nachzufragen, ob eine solche Stelle überhaupt zu besetzen ist. Wenn Sie sich initiativ bewerben, haben Sie sich schon vorher mit der Firma auseinander gesetzt, vielleicht im Telefonat schon weitere Informationen zum Stellenbedarf des Unternehmens in Erfahrung gebracht und den richtigen Ansprechpartner recherchiert.

//Werden Sie zum »Unternehmens-Versteher«

Jeder kann die Menschen verstehen, in die er sich hineinversetzt. Das ist auch bei Unternehmen möglich – schließlich besitzt jedes seine eigene Unternehmenspersönlichkeit, hat ein besonderes Auftreten, spezielle Bedürfnisse und Wünsche. Manches ist Klischee, aber auch Klischees besitzen oft einen wahren Kern.

Stellen Sie sich die Versicherungsbranche vor. Damit assoziieren Sie dunkel und in feines Tuch gekleidete Menschen. Die Männer tragen Krawatte, die Frauen Bluse und Kostüm.

Wenn Sie an große Softwareschmieden wie Microsoft denken, fallen Ihnen übervolle Schreibtische, offene Türen und engagierte junge Menschen ein, die gerne bis spät in die Nacht arbeiten. Eine Werbeagentur erzeugt bei Ihnen die Vorstellung, dass alles schnell und nach der neuesten Mode geht.

//Überprüfen Sie Klischees

Derartige Klischees lassen sich auch von außen überprüfen. Lesen Sie Zeitungsberichte über das Unternehmen, verfolgen Sie Interviews. Analysieren Sie genau, wie sich ein Vorstand oder Geschäftsführer in den Medien äußert. Wie sieht sich das Unternehmen?

Passen Sie sich in Ihrem Verhalten dem Wunsch-Arbeitgeber an. Schreiben Sie ein junges Touristikunternehmen, das auf der Website seine Kunden duzt, nicht mit »sehr geehrte Damen und Herren an«. Rufen Sie an, finden Sie heraus, wie der Kommunikationsstil untereinander ist.

Orientieren Sie Ihr Verhalten auch an der Größe des Unternehmens. Wenn Sie mit einer Personalabteilung zu tun haben, müssen Sie eher die üblichen Standards einhalten. Sprechen Sie dagegen sofort mit dem Geschäftsführer, können Sie sich oft auf viel persönlicheren Ebenen bewegen. Er trifft eher auch »unvernünftige

Entscheidungen«, weil diese aus dem Bauch kommen. Dies kann gerade für Quereinsteiger und Menschen ohne Top-Lebenslauf eine Chance bedeuten. Denn dass der Bauch oft besser weiß, was richtig ist, als der Kopf – das wissen Sie ja sicher aus eigener Erfahrung.

//Reagieren Sie auf Chancen

Die Keimzelle einer neuen Stelle ist eine strategische Entscheidung. Beobachten Sie deshalb Firmen, die Sie interessieren. Wenn ein Unternehmen Mitarbeiter in seiner Hauptfiliale zusammenführt, so bedeutet dies, das für diese Aufgabe bald Verantwortliche gesucht werden. Plant eine Firma, sich auf bestimmte Kompetenzen zu konzentrieren, so werden in diesem Umfeld bald neue Stellen entstehen.

- Lesen Sie regelmäßig die Tageszeitungen.
- Beobachten Sie mit »Google Alert« (spezieller Nachrichtendienst bei www.google.de) Unternehmen aus Ihrem Umfeld. Immer wenn ein Stichwort fällt – etwa der Name eines Unternehmens –, werden Sie benachrichtigt.
- Denken Sie voraus: Wenn der Marktführer seine Strategie ändert, so wird sicher bald auch der Zweite nachziehen.

b@w Initiativbewerbungen vorbereiten

»Soll ich wirklich vor jeder Initiativbewerbung bei den Unternehmen anrufen?«, fragt Paula.

► Schicken Sie nicht einfach Ihre Unterlagen – dafür sind diese viel zu schade. Die Gefahr, dass Ihre mühevoll ausgearbeitete

Bewerbung unbeachtet unter Papierbergen verschwindet, ist zu groß. Sie müssen erst einmal eine Erwartungshaltung (»da kommt was Interessantes«) wecken.

Das schaffen Sie am besten, indem Sie direkt mit dem richtigen Ansprechpartner sprechen. Nur er kann Ihnen sagen, ob überhaupt in dem Bereich Bedarf besteht, wo Sie ihn vermuten.

Je größer das Unternehmen, desto höher ist allerdings auch die Wahrscheinlichkeit, dass Sie abgefangen werden und entscheidende Personen nie erreichen. Um dennoch weiterzukommen, haben sich fünf Strategien bewährt, die auch kombiniert werden können. Generell gilt: Bleiben Sie stets höflich und freundlich. Behandeln Sie alle Gesprächspartner mit Respekt, gleich welcher Hierarchieebene.

1. Job-wichtig: Entscheider sprechen

Ihr Ziel sollte es sein, mit dem Entscheider über eventuelle Jobs und Aufgaben zu sprechen. Lassen Sie nicht locker – selbst wenn man Sie nicht durchlässt und den »Chef« abzuschirmen versucht. Viele Fachabteilungen verweisen auch einfach deshalb an die Personalabteilung, weil Ihnen die vielen Bewerberanfragen lästig sind. Sie sind aber in der Fachabteilung besser aufgehoben – wenn irgend möglich, sollten Sie sich nicht abwiegeln lassen. Sprechen Sie mit einem Fachverantwortlichen, der in der Hierarchie ein bis zwei Stufen über Ihnen stehen würde.

2. Die Ich-kann-warten-Strategie

»Herr XY ist leider nicht zu sprechen«, »Sie können auch mit mir sprechen«, »Alles Wesentliche können Sie unserem Internetauftritt entnehmen« – wer so abgeschmettert wird, gibt leicht auf. Es ist aber wichtig, am Apparat zu bleiben, bis die eigenen Ziele erreicht sind. Dazu müssen Sie beweisen, dass Sie hartnäckig sind.

Antwort-Strategien:

- »Wann ist XY denn zu sprechen? Bitte nennen Sie mir einen Zeitraum. Ich werde es dann nochmals versuchen.«
- »Gerne spreche ich mit Ihnen. Mir ist es nur wichtig, dass auch Fachfragen beantwortet werden. Ich nehme an, das können Sie.«
- »Genau deshalb rufe ich an. Ich habe Fragen zu ...«

Lassen Sie sich nicht abwimmeln und geben Sie deutlich zu verstehen, dass Sie auf Ihre Antwort warten wollen und werden. Nehmen Sie dabei aber auch Ihr Gegenüber ernst. Sie sollten keinesfalls arrogant wirken.

3. Die Sympathie-Strategie

Wenn Sie nett und freundlich beim anderen ankommen, so schaffen Sie sich allein dadurch oft schon einen Fürsprecher oder gar Verbündeten. Fragen Sie sich durch und erklären Sie, warum Sie mit dem Verantwortlichen persönlich sprechen wollen. Reden Sie dabei ruhig viel und erzählen Sie auch von sich. Nicht selten tun sich dann im Hintergrund ganz neue Chancen auf: »Die war aber nett. Chef, die müssen Sie einladen.«

4. Die Headhunter-Strategie

Headhunter auf der Jagd nach hoch qualifizierten Führungskräften verstehen es, sich bis zum Ansprechpartner durchzuschlängeln. Der Trick: Sie geben sich nicht als Headhunter zu erkennen. Auch Sie müssen sich nicht als Bewerber zu erkennen geben und dabei nicht einmal schauspielern. Sagen Sie einfach nicht alles und nennen Sie nur Ihren Namen und schildern Sie Ihr Anliegen kurz aus fachlicher Sicht – nicht aus Bewerberperspektive.

Antwort-Strategien:

»Guten Tag, mein Name ist Peter Meyer. Ich möchte gern mit dem IT-Leiter sprechen, Herrn ... Wie war noch sein Name? Ich habe da einige Fragen.«

»Das können Sie auch mit mir besprechen.«

»Ich bin mir sicher, dass Sie über weitreichendes Wissen verfügen. Mir ist es aber wichtig, ein persönliches Gespräch mit Herrn ... zu führen.«

5. Die Fachfragen-Strategie

Gut möglich, dass Sie gefragt werden, was Sie denn vom Leiter der Fachabteilung wollen, schließlich ist dieser viel beschäftigt. Jetzt müssen Sie beginnen zu fachsimpeln. Es ist die beste Chance, einen Fachfremden zum Aufgeben zu bringen. Eine häufige Reaktion: »Oh, da sprechen Sie doch besser mit Herrn XY selbst.«

Antwort-Strategie:
»Es geht um Prozessintregration. Ich möchte gern wissen, ...«

//Das Rundmailing: die Bewerbung, die keine ist

Klotzen statt kleckern, lautet das Motto einer weiteren Bewerbungsstrategie. Die so genannte Zielgruppenkurzbewerbung (ZKB) funktioniert wie ein als Brief getarntes Werbemailing und wird per Post verschickt. Sie wird breit gestreut, beispielsweise an alle Firmen einer bestimmten Branche. Ansprechpartner ist dabei der Geschäftsführer oder ein Abteilungsleiter, bei Absolventen kann es auch die Personalabteilung sein. Wichtig ist wie bei einem Mailing die direkte, persönliche Ansprache. Einem solchen Rundmailing geht kein Anruf voraus. Es wird wirklich »blind« an bekannte Adressen geschickt, allerdings nicht per E-Mail. Eine E-Mail geht allzu leicht unter all den unerwünschten elektronischen Briefen unter. Ein Brief sorgt garantiert für mehr Aufmerksamkeit.

Der Inhalt des Briefes sollte den Leser fesseln, der Text muss vielversprechend sein und neugierig machen, beim Leser den Gedanken auslösen: »Den möchte ich kennen lernen.« Er sollte deshalb nicht an eine klassische Bewerbung erinnern.

Dabei darf er ruhig etwas frech oder forsch und bis zu einer gewissen Grenze auch kreativ sein. Orientieren Sie sich ruhig an herkömmlichen Werbemailings, mit denen Unternehmen für Ihre Produkte werben.

Tipps für Text-Strategien:

- Die erfolgreichsten Werbemailings sind ganz traditionell wie ein Normbrief strukturiert und nur in Ausnahmefällen länger als eine Seite.
- Sie arbeiten mit der persönlichen Ansprache, den »freundlichen Grüßen« und einem »PS« als Blickfang für die wichtige Botschaft am Schluss.

Beispiele für Rundmailings sowie einen Baukasten zur Erstellung Ihres eigenen Mailings auf der Basis Ihrer Produktinformation (Seite 41) finden Sie später in diesem Buch sowie im Internet-Workshop unter www.book-at-web.de.

Die Bewerbung schreiben

»Wie ich mich in der Bewerbung nun verkaufe? Ich weiß gar nicht, wie das geht! Und überhaupt: Muss ich mich wirklich verkaufen?«, fragt Paula.

Die Frage ist, was Paula unter »verkaufen« versteht. Ein guter Verkäufer spiegelt keine falschen Tatsachen vor, er betont vielmehr Vorzüge.

Genau das sollte auch die Bewerbung tun. Ihre übergeordnete Funktion ist es, Ihre Berufsbiografie auf den Punkt zu bringen. Dabei greift sie diejenigen Punkte heraus, die für den künftigen Arbeitgeber relevant und interessant sind. Wenn Sie sich um verschiedenartige Jobs bewerben, so werden Sie auch diese Argumente unterschiedlich gewichten und verschiedene Dinge herausstellen. Gleichzeitig sind Sie wie der Verkäufer zur vollständigen Information verpflichtet. Nur: Vollständigkeit bedeutet nicht, alles gleichgewichtig anzusprechen. Manche Dinge müssen lediglich kurz erwähnt werden, damit keine Lücken bleiben.

Dreiklang: Anschreiben, Berufsbiografie, Lebenslauf

► Der Lebenslauf hat die Funktion, eine Übersicht über Ihre Qualifikationen zu bieten, Ihr Können und Wissen zu zeigen.

Das Anschreiben wird sehr oft als Zusammenfassung des Lebenslaufes missverstanden. Das ist es nicht. Es ist vielmehr ein »Motivationsschreiben«, wie es in der Schweiz heißt. Jener der Bewerbung beiliegende Brief soll dem Empfänger die Gründe darlegen, aus denen Sie sich bei ihm bewerben. Verlassen Sie dazu Ihre eigene Perspektive und fragen Sie sich, mit welchen Verkaufsargumenten Sie den Personal- oder den Fachverantwortlichen locken können.

Der Lebenslauf: Damit fängt alles an

Paulas Lebenslauf ist drei Seiten lang, Paul hat nur zwei. Beide fragen sich, wie sie ihre Vita strukturieren müssen und was sie oben drüberschreiben.

► In Ihrer Bewerbungsmappe liegt zwar das Anschreiben obenauf und damit an erster Stelle. Der Kern Ihrer Bewerbung ist jedoch der Lebenslauf. Oft ist der Lebenslauf sogar das Einzige, was das Unternehmen von Ihnen sieht. Immer häufiger verlangen Unternehmen zunächst nur den Lebenslauf, beispielsweise per E-Mail. Personaler überfliegen ihn, bevor sie den beiliegenden Brief lesen. Dafür nehmen Sie sich durchschnittlich nur etwa eine halbe Minute Zeit. Diese kurze Spanne reicht aus, Interesse zu wecken – oder den Eindruck »passt nicht« zu erzeugen.

Selbst wenn »Ihr« Personaler sich eine halbe Minute mehr Zeit nimmt: Kommen Sie seinem Leseverhalten entgegen:

● Bieten Sie wohl gegliederte und optisch gut voneinander getrennte Absätze an.
● Lassen Sie nicht alles ineinander fließen.
● Vermeiden Sie dicht gedrängte Kleinschrift mit Punktgrößen unter 11. Die Regel Lebenslauf = 1 Seite gilt schon lange nicht mehr. Selbst Uniabsolventen haben oft mehr beruflich relevante Stationen zu ver-

melden, als auf eine DIN-A4-Seite passt. Berufserfahrene können sogar ohne Bedenken drei Seiten einreichen. Mehr sollte es jedoch nicht sein. Überlegen Sie bei einem größeren Umfang, was Sie kürzen können und ob Sie für bestimmte Angaben – etwa zu den technischen Kenntnissen – nicht eine separate Seite beilegen.

//Bündeln Sie – die Häppchen-Methode

Material für den Lebenslauf haben Sie in Ihrer Berufsbiografie schon reichlich gesammelt. Strukturieren Sie es nun, indem Sie einzelne Häppchen bündeln. Etwa so:

- Persönliche Daten (Name, Geburtsdatum und Ort, eventuell Staatsangehörigkeit, Religion und Elternberufe)
- Berufspraxis
- Studium und Ausbildung
- Weiterbildung
- EDV-Kenntnisse
- Sprachen
- Sonstige Kenntnisse

Diese Struktur ist ein Vorschlag. Sie können (und sollten sie) selbstverständlich sprachlich variieren:

- Über mich/Zu mir/Eckdaten
- Laufbahn/Karrierestationen/Berufliche Entwicklung/Wie ich wurde, was ich bin
- Bildungsweg/Abschlüsse/Diplome/Hochschule
- Weiterbildung/Weitere Qualifikationen/Sonstiges
- Zivil-/Wehrdienst/Freiwilliges soziales Jahr
- Einrichtung/Ort, evtl. Aufgabengebiet
- Computer/IT-Kenntnisse/EDV/Software-Skills
- Sprachen/Interkulturelle Fähigkeiten

- Führerschein/Fahrerlaubnis (falls relevant für den Job)
- Sonstiges/Vereinsfunktionen/Ehrenamtliches Engagement/
  Nebenberufliche Tätigkeiten (falls relevant für den angestrebten Job)

//Finden Sie Ihre eigenen Worte und Bezeichnungen

Heben Sie sich ab von der Masse und verwenden Sie Ihre eigene Struktur für den Aufbau, ohne dabei zu sehr mit den Lesegewohnheiten zu brechen. Wählen Sie jene Bezeichnungen, die Ihnen in Ihrem Fall passend erscheinen. Einen Begriff wie »Karrierestationen« sollten Sie nur dann wählen, wenn Sie auch wirklich eine Führungstätigkeit anstreben. Die »interkulturellen Fähigkeiten« signalisieren, dass Sie lange im Ausland oder aber in einem internationalen Unternehmen tätig waren. Es sind mehr als nur Sprachkenntnisse: das Wissen um die besondere Kultur eines anderen Landes und die Fähigkeit, darauf einzugehen. »Software-Skills« lassen weiter gehende Erfahrungen vermuten und ein von diesen »Skills« geprägtes berufliches Umfeld. Die Verwendung des Begriffs »Skill« (= Fähigkeit) lässt einen modernen, erfahrenen Bewerber erwarten.

Aber Achtung: Traditionelle Personaler kann so ein Wort aber durchaus auch abschrecken – die einen mögen »Denglisch«, die anderen verpönen es. Wählen Sie Ihre Rubrikenbezeichnungen also bewusst aus.

Tipp: Auf sprachliche Einheit achten! Allein durch sprachliche Variationen können Sie das Bild von sich prägen. Schaffen Sie ein einheitliches sprachliches Bild ohne Brüche, um Ihre Bewerbungsziele zu erreichen. Beispiel: Wenn Sie als ehemaliger Gruppenleiter sich jetzt eine Stufe nach unten orientieren müssen, weil es immer weniger Führungspositionen gibt, streichen Sie alle Begriffe, die Karriereambitionen vermuten lassen (Laufbahn, Karrierestationen, Führung von ...). Möchten Sie hingegen die Treppe nach oben steigen, geben Sie sich auch sprachlich bewusst karriereorientiert.

Tipp: Glatte Chronologie, keine Löcher. Reißen Sie Daten nicht auseinander. Wenn beispielsweise Ihr Berufsweg durch eine Ausbildung oder Weiterbildung unterbrochen ist, sollten Sie die Weiterbildung lieber in den Berufsweg integrieren, als sie in einen separaten Abschnitt zu packen. Personaler müssen sonst zu viel blättern und rechnen – das mögen sie nicht.

//Die passende Überschrift für den Lebenslauf

Ein Lebenslauf ist sehr gut als solcher zu erkennen, wenn er richtig gegliedert ist. Sie brauchen also nicht unbedingt »Lebenslauf« darüber zu schreiben. Oft wirkt der eigene Name besser oder ein Begriff wie »Werdegang«, karriereorientiert »Laufbahn«. Curriculum Vitae hat etwas Studentisch-Akademisches. Wichtig ist: Was Sie oben drüberschreiben, muss zu Ihnen und in den Kontext Ihrer Bewerbung passen.

//Erweitern Sie Ihren Lebenslauf um sinnvolle Rubriken

Sie können die Rubriken auch variieren, indem Sie weitere Bereiche hinzufügen. Dadurch setzen Sie andere Akzente, betonen beispielsweise Ihre Softskills oder Ihre Freizeitaktivitäten. Dies ist immer dann sinnvoll, wenn Sie in einen Bereich einsteigen, in dem Sie durch persönliche Stärken punkten können. Sie erkennen das in Anzeigen an Sätzen wie »Zentrale Bedeutung hat für uns Ihre Motivation und die Bereitschaft, sich in neue Bereiche einzuarbeiten«.

Tipp: Fügen Sie Ihrem Lebenslauf dann in jedem Fall Bereiche hinzu wie

- Persönliche Stärken
- Freizeitaktivitäten

Diese Rubriken haben allerdings auch dann einen Sinn, wenn Sie sich auf eine fachlich orientierte Ausschreibung bewerben. Persönliche Stärken sind immer bedeutsam, in jeder Position. Freizeitaktivitäten sollten Sie nennen, wenn diese über »Lesen, Reisen« hinausgehen.

Je nach Qualifikation bieten sich weitere Bereiche an, etwa Zusatzqualifikationen oder Branchenerfahrung. Auch nebenberufliches Engagement darf in eine eigene Rubrik einfließen. Entscheiden Sie: Ist die entsprechende Aussage wichtig, um die Eignung für die Stelle zu belegen? Unter Zusatzqualifikationen können Sie weitere, im Nebenberuf erworbene Kenntnisse oder Zertifizierungen fassen. Auch autodidaktisches Wissen oder Know-how aus Seminaren können hier einfließen. Dies kann beispielsweise dann strategisch sinnvoll sein, wenn Sie sich auf eine Position bewerben, die eine andere Grundausbildung fordert, als Sie vorweisen können.

Beispiel: Als Geisteswissenschaftler möchten Sie sich auf einen Posten bewerben, für den ausdrücklich ein Betriebswirt gesucht wird. Sie haben aber bereits drei Jahre auf solchen Positionen erfolgreich gearbeitet, haben sich nach und nach das notwendige Wissen angeeignet und können die Aufgaben genauso gut erfüllen. Sie wollen diesen Job unbedingt. So fügen Sie die Rubrik Zusatzqualifikationen hinzu:

Zusatzqualifikationen
Fünf Fachseminare BWL für Geisteswissenschaftler (z. B. Controlling, Marketing), autodidaktische Aneignung von Wissen, »Learning by doing«.

Wenn Sie auffallen wollen, können Sie ruhig einmal frech werden. Damit machen Sie sich zwar nicht nur Freunde. Möglich, dass Sie für arrogant gehalten werden. Die Chance, dass jemand diesen selbstbewussten »Flegel« kennen lernen will, steigt jedoch ebenfalls. Und das wollen Sie ja erreichen.

Beispiel für Zusatzqualifikationen
- Frische Theorie: fünf Fachseminare BWL für Geisteswissenschaftler (z. B. Controlling, Marketing), autodidaktische Aneignung von Wissen
- Marketing-Know-how, das weit über das BWL-Niveau hinausgeht. Verknüpft mit meiner Praxiserfahrung ein Erfolgsgarant
- Erfolgsbeispiel: Einführung der Designlinie X bei Meierdorf AG, inzwischen Marktführer im Segment der Trend-Möbel

---

//Entscheiden Sie sich für eine Lebenslauf-Variante   b@w

Es existiert keine verbindliche Norm für Lebensläufe. Vielmehr gibt es unterschiedliche Wege, die Daten aufzubereiten. Orientieren Sie sich dabei an dem, was Arbeitgeber wünschen, und geben Sie dem Lebenslauf gleichzeitig eine eigene Handschrift. Beliebt ist der »tabellarische Lebenslauf«, der alle Stationen (rechts) mit Daten (links) aufführt. Viel wichtiger als die Form ist jedoch der Inhalt.

Tipps: Anforderungen an einen guten Lebenslauf
- Er sollte ehrlich sein.
- Er sollte lückenlos sein.
- Die berufliche Chronologie sollte sich ohne langes Suchen auf den ersten Blick erfassen lassen. Trennen Sie Stationen nicht.
- Alle Aussagen sollten sich belegen lassen, entweder durch Zeugnisse, Referenzen, Arbeitsproben oder durch Beispiele aus der Berufspraxis.
- Er sollte Qualifikationen und Berufserfahrungen beschreiben.

- Er sollte berufsrelevante Kenntnisse aufzeigen.
- Er sollte Erfolge darlegen, wenn es sich um eine höhere Position handelt; vor allem, wenn es um Führungsaufgaben geht.

//Der chronologische Lebenslauf

Der chronologische Lebenslauf beginnt bei Ihrer Schulausbildung und endet mit Ihrer letzten beruflichen Station. Diese klassische Variante kommt vor allem in konservativen Branchen und dem öffentlichen Dienst gut an. Sie kann auch für Berufseinsteiger Sinn machen, deren Lebenslaufdaten noch auf eine Seite passen.

Zudem kaschiert die chronologische Variante eine Erwerbslosigkeit beim flüchtigen Blick, da die letzte Tätigkeit auch zuletzt erwähnt wird. Machen Sie sich aber keine Hoffnung, dass so ein Punkt komplett übersehen werden könnte. Personaler sind geübt im Wahrnehmen von Lücken und kommen auch Schönheitskorrekturen schnell auf die Schliche. Stehen Sie zu Ihren Lücken, aber formulieren Sie sie möglichst positiv und vor allem selbstbewusst.

Die konservative Ausstrahlung des chronologischen Lebenslaufes kann von Vorteil sein; vor allem, wenn sie mit dem Gesamtbild harmoniert. Zu einem insgesamt traditionellen Auftritt passt beispielsweise auch die Erwähnung der Berufe von Vater und/oder Mutter. Was viele für »out« halten, kann gerade deshalb charmant sein – wenn es insgesamt zu Ihnen passt und auch die Berufe eine Aussage unterstreichen. Beispiele: Ihr Vater ist Verwaltungsfachangestellter und Sie streben in eben diese Richtung. Oder: Ihre Mutter ist eine berühmte Kinderbuchautorin und Sie möchten im Bereich Drehbücher für E-Learning Fuß fassen.

Die Gefahr beim chronologischen Lebenslauf besteht darin, dass der eigentliche Beruf untergeht und der Bewerber nicht auf den ersten Blick eingeordnet werden kann. Das sollte in jedem Lebenslauf unbedingt vermieden werden.

Tipp: Schreiben Sie Ihre berufliche Qualifikation über Ihre Vita – damit sagen Sie sofort, wer Sie sind (denken Sie an Ihre Marke und die PS).

> **Beispiel:**
> Peter Müller, Dipl.-Wirtschaftsinformatiker
> Bisherige Position: Abteilungsleiter, Informationstechnologie
> Angestrebte Position: Vorstand Technik

Tipps für intelligente Lückenfüller

- Elternzeit hört sich besser an als Arbeitslosigkeit. Wenn Sie nach Ihrem Jobverlust ein Kind erzogen haben, schreiben Sie es. Die eventuell begleitende Arbeitslosigkeit müssen Sie dann nicht erwähnen.
- Eine »Pause zur beruflichen Neuorientierung« oder zur Erweiterung »interkultureller Fähigkeiten« ist besser als ein einjähriger Urlaub.
- Erwerbslosigkeit ist kein Problem, solange sie bis zu sechs Monate gedauert hat. Sie müssen aber nicht das Wort »Erwerbslos« oder »Arbeitslos« verwenden. Schöner klingt zum Beispiel: »03-2003 bis 07-2003 Auf Jobsuche« oder »Phase der Neuorientierung«.
- Tätigkeiten in »freier Mitarbeit« sind auch Arbeit. Sie gehören in Ihren Lebenslauf. Wenn Sie Vollzeit gearbeitet haben, müssen Sie nicht erwähnen, dass Sie keinen festen Arbeitsvertrag hatten.
- Hatten Sie während der Arbeitslosigkeit einen Nebenerwerb, so sagen Sie das. Auch als »Powerseller« im Auktionshaus Ebay sammeln Sie beruflich relevante Erfahrungen, von denen künftige Arbeitgeber profitieren können.
- Fehlende Abschlüsse sollten Sie nicht leugnen, das fällt auf. Betonen Sie vielmehr, was Sie während eines Studiums gemacht haben (»erfolgreiches Vordiplom«, insgesamt »fünf mit gut benotete Scheine in ...«)

//Der rückwärts chronologische Lebenslauf

Am weitesten verbreitet ist heutzutage die retrograde Variante des Lebenslaufs. Retrograd bedeutet »rückwärts chronologisch«. Damit wird ein Lebenslauf bezeichnet, der mit der letzten Position beginnt und dann jeweils die folgenden Stationen auflistet – bis hin zum Anfang, dem Schulbesuch und Schulabschluss.

Vorteil dieser Variante liegt im Prinzip »Das Wichtigste zuerst«. Dadurch, dass Sie sofort zeigen, was Sie zuletzt gemacht haben, setzen Sie diese Funktion auch in ein besonderes Licht. Dies ist dann sinnvoll, wenn diese auch sehr wichtig war und für Ihre aktuellen Karrierepläne die Basis bildet. Ungünstig dagegen, wenn Sie sich aus einer Übergangsposition heraus bewerben oder wenn Sie gerade arbeitslos sind.

Tipp: Argumentieren Sie branchenspezifisch! Jede Branche und jeder Berufszweig spricht seine eigene Sprache. Überlegen Sie, was innerhalb Ihrer Branche übliche Anforderungen sind, und reagieren Sie durch entsprechende Kategorien im Lebenslauf darauf. Eine sehr gute Orientierung bieten Formulare, die Firmen oder Personalberatungen aus Ihrer Branche im Internet bereitstellen.

//Der funktionale Lebenslauf

Streben Sie einen Quereinstieg an? Dieser kann mit einem der beiden vorhergehenden Lebenslaufvarianten kaum begründet werden, da die Positionen auf den ersten Blick keinen Bezug zum Berufswunsch erkennen lassen werden.

Ein funktionaler Lebenslauf schafft das besser. Hier stellen Sie nicht die Jahreszahlen vornean, sondern stellen heraus, was Sie können und welche Erfahrungen Sie besitzen. Die Abschnitte bündeln Sie nach Kenntnissen oder Branchenerfahrung. Das gibt den Aussagen ein anderes Gewicht. Sie bekommen zudem die Möglichkeit,

Erfahrungen und Tätigkeiten hervorzuheben, die aus einem chronologischen Lebenslauf wahrscheinlich herausfallen würden. Auch in
einen funktionalen Lebenslauf gehören Jahreszahlen, aber an eine
andere, weniger dominante Stelle. Sie können Ihre Erfahrung auch
mit Zeiträumen beschreiben. Dann schreiben Sie statt »1999 – 2004«
wie im folgenden Beispiel einfach »fünf Jahre«.

Berufserfahrung Vertrieb
- Nebenberufliches Gewerbe: Verkauf von Designerware bei Ebay
  (Powerseller Bronze) (1999 – 2004)
- Beratung des Außendienstes in Fragen der Kundenpräsentation
  (2003 – 2004)
- Training von Vertriebsmitarbeitern: Mit Freundlichkeit zum Erfolg
  (Juni 2004)

Der funktionale Lebenslauf basiert auf der angloamerikanischen
Form, sich zu präsentieren, und ist bei Personalern kaum bekannt
und auch nicht sehr beliebt. Der Lebensweg lässt sich in der funktionalen Form häufig nicht mehr richtig nachvollziehen – das schreckt
hierzulande vielfach ab. Deshalb hat es sich bewährt, der funktionalen Variante eine chronologische beizufügen, die beispielsweise
überschrieben ist mit »berufliche Stationen und Bildungsweg im
Überblick«.

//Der europäische Lebenslauf

Der europäische Lebenslauf ist auf eine Initiative der Europäi-
schen Kommission in Brüssel entstanden und konnte sich bisher
nicht durchsetzen. Seine Aufgabe sollte es sein, unterschiedliche
Bewerbungsmethoden innerhalb der EU aneinander anzugleichen.
Dafür existiert ein Vordruck. Dieser ist als Orientierung für die
Bildung von Rubriken nützlich, aber nicht mehr als eine Anregung.

Lebenslauf-Texte: konkret und kurz

► Dreiseitige Lebensläufe sind mittlerweile an der Tagesordnung. Doch halten Sie sich kurz. Liefern Sie keine vollständigen Sätze, sondern lediglich Stichpunkte. Formulieren Sie diese möglichst aktiv, konkret auf die jeweilige Tätigkeit bezogen und bei höherer Qualifikation auch erfolgsorientiert.

Beispiele:
- Statt Vertriebs-Assistenz: Assistentin des Vertriebsleiters
- Statt Produktmanagement: Aufbau und Führung der Marken Orange Blue und Orange White
- Statt Redaktion: Management und Betreuung der Autoren, Themenfindung, Redigieren sowie Recherchieren, Schreiben und Texten von Artikeln
- Statt zuständig für Umweltschutz: Konzeption und Einführung von Maßnahmen im Bereich des Umweltschutzes und der Arbeitssicherheit

Tipp: Beschreiben Sie pro Station drei bis maximal sechs einzelne Tätigkeiten und Schwerpunkte oder fassen Sie diese zusammen. Erfolge können Sie in die Formulierung einbetten oder aber als Extrapunkt vom restlichen Text abheben.

Führungskräfte müssen erwähnen, für wie viele Mitarbeiter sie verantwortlich waren und an wen sie berichtet haben. Auch Budgetverantwortung gehört in Ihren Lebenslauf, ebenso Prokura und Beförderungen, wie das folgende Beispiel zeigt.

Beispiel: 1998 bis 2004 – Vertriebsleiter bei Axent GmbH
- Führung der Vertriebsmannschaft (15 Außendienstler im Bundesgebiet)

- Steigerung des Umsatzes um mehr als das Doppelte (von 120 Mio. Euro auf 250 Mio. Euro in sechs Jahren)
- Erfolgreiche Akquise von 70 neuen Großkunden
- Aufbau einer neuen Vertriebsstruktur
- Budgetverantwortung für 35 Mio. Euro
- Bericht an den Geschäftsführer

Gestalten Sie Ihren Lebenslauf übersichtlich b@w

► Erst der Inhalt, dann das Design: Viele Bewerber machen es genau umgekehrt. Sie entscheiden sich erst für eine Gestaltung und schreiben dann ihren Inhalt. Dabei kann kein optimaler Lebenslauf entstehen.

Sie sollten anhand Ihrer Bewerbungsbiografie entscheiden, was Sie hervorheben wollen, und dann Lösungen für das »Wie« suchen. Beachten Sie, dass viele vorgegebene Lebenslauf-Formulare nicht optimal sind – so einfach können Sie es sich nicht machen.

Tipps für den allgemeinen Aufbau

- Berücksichtigen Sie den typischen Blickverlauf beim Lesen. Üblicherweise blickt der Leser in Z-Form über einen Brief: Daher muss besonders Wichtiges oben links stehen. Ein Foto lenkt die Aufmerksamkeit nach rechts. Auch der Abschluss der Seite ist wichtig. Achten Sie darauf, dass Sie eine Seite mit positiven Aussagen abschließen!
- Setzen Sie die Akzente dort, wo sie hingehören. Betonen Sie beispielsweise Funktionen – und nicht Daten und Firmennamen.
- Gliedern Sie Ihren Lebenslauf durch Rubriken.
- Achten Sie auf eine tabellarische Form: links die chronologischen Daten, rechts die Beschreibung. Im deutschsprachigen Raum ist dieser Aufbau üblich. Andere Formen irritieren oft.

Tipps für die Gestaltung

- Am wirkungsvollsten heben Sie Aussagen mit Fettdruck hervor, danach kommen das Kursivsetzen und dann das Unterstreichen. Verwenden Sie nicht mehr als zwei verschiedene Formen der Hervorhebung. Heben Sie immer dieselben Aspekte in derselben Art hervor!
- Wählen Sie eine Schriftgröße von mindestens 11 Punkt.
- Wählen Sie eine Schrift, mit der Sie sich gut identifizieren können. So wirkt die Times New Roman automatisch konservativer als die Arial oder die Verdana.
- Für die Überschriften (Rubriken) können Sie unter Umständen eine andere Schrift wählen oder die im Fließtext genutzte Schrift verändern.
- Vermeiden Sie alles, was die Aufmerksamkeit ablenkt, beispielsweise schattierte Schriften oder Hintergründe.

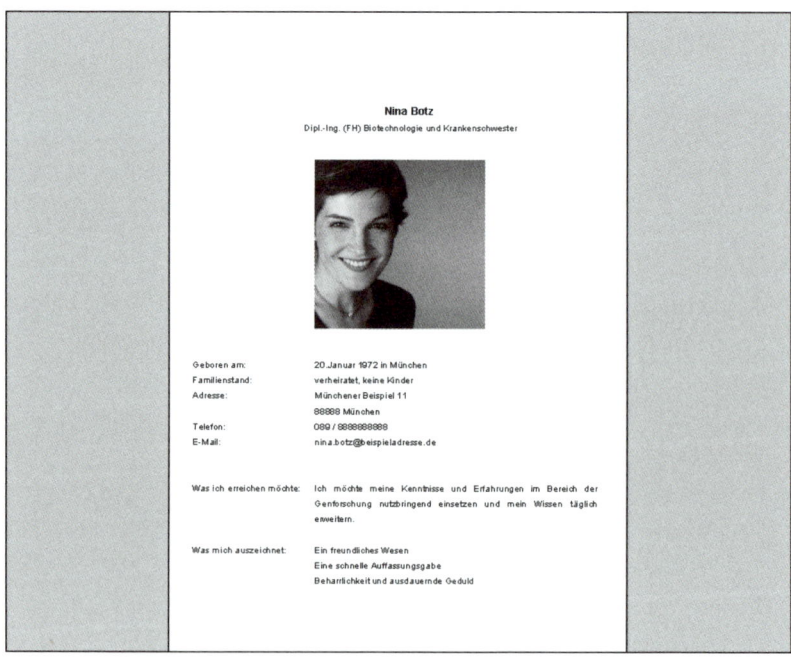

Seite 1 – Gut:

- Diese Seite ist mehr als ein Deckblatt. Sie fasst wesentliche Aussagen zusammen und setzt Akzente. Nina Botz sagt direkt, welche Ausbildung sie besitzt, und betont ihre persönlichen Fähigkeiten. Sie grenzt sich über ihre Persönlichkeit ab.
- Nina legt eigene Ziele dar. Das zeigt, dass sie viel Engagement mitbringt und wissbegierig ist.

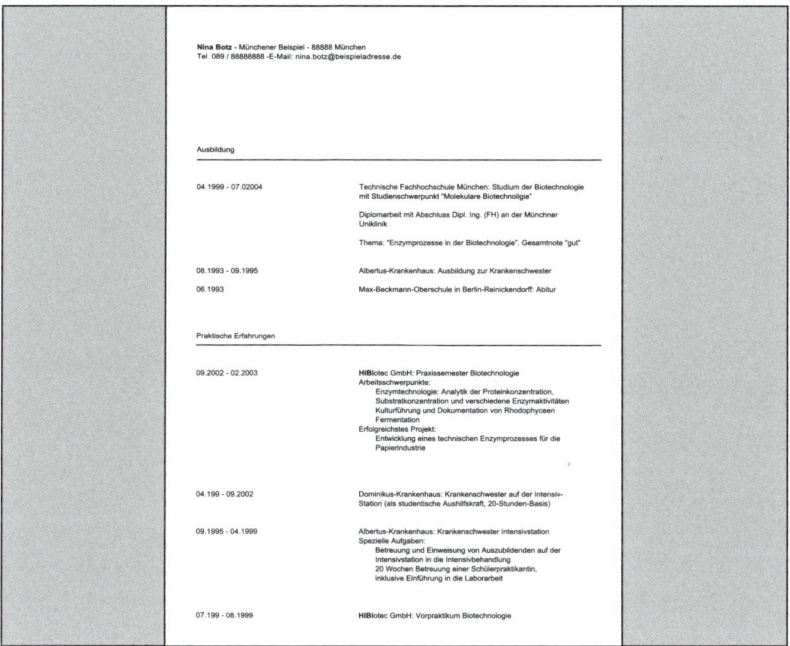

Nina Botz

Münchener Beispiel
88888 München
Tel. 089 / 88888888

E-Mail: nina.botz@beispieladresse.de

Ausbildung

04.1999 - 07.02004	Technische Fachhochschule München: Studium der Biotechnologie mit Studienschwerpunkt "Molekulare Biotechnologie"
	Diplomarbeit mit Abschluss Dipl. Ing. (FH) an der Münchner Uniklinik
	Thema: "Enzymprozesse in der Biotechnologie". Gesamtnote "gut"
08.1993 - 09.1995	Albertus-Krankenhaus: Ausbildung zur Krankenschwester
06.1993	Max-Beckmann-Oberschule in Berlin-Reinickendorff: Abitur

Praktische Erfahrungen

09.2002 - 02.2003	HiBiotec GmbH: Praxissemester Biotechnologie Arbeitsschwerpunkte: Enzymtechnologie: Analytik der Proteinkonzentration, Substratkonzentration und verschiedene Enzymaktivitäten Kulturführung und Dokumentation von Rhodophyceen Fermentation Erfolgreichstes Projekt: Entwicklung eines technischen Enzymprozesses für die Papierindustrie
04.199 - 09.2002	Dominikus-Krankenhaus: Krankenschwester auf der Intensiv-Station (als studentische Aushilfskraft, 20-Stunden-Basis)
09.1995 - 04.1999	Albertus-Krankenhaus: Krankenschwester Intensivstation Spezielle Aufgaben: Betreuung und Einweisung von Auszubildenden auf der Intensivstation in die Intensivbehandlung 20 Wochen Betreuung einer Schülerpraktikantin, inklusive Einführung in die Laborarbeit
07.199 - 08.1999	HiBiotec GmbH: Vorpraktikum Biotechnologie

Seite 2 – Gut:

● Die Rubriken sind klar, die Inhalte übersichtlich.

● Nina Botz legt den Fokus auf ihr Studium und ihre Ausbildung. Dies ist in ihrem Lebenslauf als Berufseinsteiger noch die wichtigste Station. Berufserfahrene Bewerber können hier anders vorgehen. In jedem Fall ist es aber gut, die Grundausbildung zu betonen.

Nina Botz - Münchener Beispiel 11 - 88888 München
Tel. 089 / 888888888 - E-Mail: nina.botz@beispieladresse.de

Zusatzqualifikationen

Fremdsprachen:	Englisch fließend
	Latein (Großes Latinum)
EDV:	MS Windows XP
	MS Office (Word und Excel sehr gut, PowerPoint gut,
	Access Grundkenntnisse)
	Photoshop 7.0, sicherer Umgang mit WWW
Führerschein:	Klasse 3

Freizeitaktivitäten

Sport (Badminton, Golf)
Einrichtung und Gestaltung vom Wohn- zum Lebensraum

Nina Botz

München, 19. Februar 2004

Seite 3 – Gut:

- Die letzte Seite bleibt Zusatzqualifikationen vorbehalten. Hier ist auch eine andere Benennung (z. B. weitere Kenntnisse) oder andere Gliederung denkbar, etwa in die Abschnitte Computer und Sprachen.
- Die Freizeitaktivitäten bringen auch ein gewisses Lebensgefühl zum Ausdruck. Das wirkt sympathisch – und kann im Vorstellungsgespräch ein Anknüpfungspunkt sein.

b@w   Das Anschreiben: Motivation und Angebot

► Ein gutes Anschreiben liefert dem Personaler die richtigen Argumente, warum er Sie einstellen oder zumindest doch näher kennen lernen sollte. Die meisten Anschreiben versagen hier, weil Sie von zu viel Information und Worthülsen überfrachtet sind.

Tipp: Beschreiben Sie sich nicht aus der Ich-Perspektive! Da heißt es dann: »Ich suche, ich bin, ich habe, ich möchte, ich kann«. Betrachten Sie sich lieber aus der Sicht des Unternehmens: Was will dies – und wie werden Sie dem gerecht?

Verstehen Sie Ihr Anschreiben deshalb als individuelles Angebot. Welche Offerte können Sie dem Unternehmen nach Kenntnis aller Fakten machen? Was braucht der andere – und was können Sie bieten? Stellen Sie sich dessen Bedürfnisse möglichst konkret vor und formulieren Sie Argumente, die auf diese Bedürfnisse zugeschnitten sind. Das Hauptbedürfnis eines Unternehmens ist es meist, einen Bewerber zu finden, der optimal zur Stelle und zum Unternehmen passt, damit ein bestimmtes Vorhaben gelingen kann – nicht, damit ein Stuhl warm gehalten wird!

Beispiel: Ihr Inserat spricht mich an, weil Sie in einen Markt expandieren wollen, in dem ich mich zu Hause fühle – Osteuropa.

Wenn Sie so vorgehen, fallen Ihnen auch schneller neue Formulierungen ein, die sich noch nicht so abgenutzt haben wie das bekannte »Ihr Stelleninserat hat mein Interesse geweckt«. Stellen Sie sich vor: 300 Bewerbungen und in 280 davon liest der Personaler diesen oder einen ähnlichen Satz. Die Aufmerksamkeit sinkt gegen null. Wenn Sie so einschläfernd begonnen haben, wecken selbst beste Argumente den Personaler vielleicht nicht mehr auf.

//Telefonrecherche: der Weg zum guten Anschreiben

Doch sind viele Anzeigen derart beliebig und unspezifisch formuliert, dass das individuelle Eingehen auf die Anforderungen schwer fällt. Hier hilft in der Regel nur eines: Nachfragen, am besten per Telefon. Dieses Nachfragen erfordert viel Geschick und Feingefühl und vielleicht auch ein bißchen Training. Letztendlich geht es nämlich darum, das eigene Bewusstsein zu verändern. Viele Bewerber sehen sich als Bittsteller. Das sind Sie aber nicht. Sie sind Menschen, die von einem Unternehmen durch eine Ausschreibung oder am Telefon aufgefordert worden sind, sich zu bewerben: Sie sind eigentlich ein kostbares Gut! Sie haben ein berechtigtes Interesse, möglichst viel über diese Ausschreibung zu erfahren, denn nur dann können Sie ein vernünftiges Angebot machen. Wer mit diesem Ansatz in Gespräche geht, wird selbstbewusster und hartnäckiger Antworten auf seine Fragen fordern.

Riskieren Sie dabei ruhig, mit Ihrem Anruf »auf die Nerven zu gehen«. Dies ist, wenn überhaupt, meist nur der Erste-Moment-Effekt. Natürlich ist es für einen bequemen oder überlasteten Personaler oder Entscheider anstrengend zu telefonieren, wenn schon ein Berg von 300 Bewerbungen viel zu viel Arbeit verheißt. Aber er wird positiv reagieren, wenn er merkt, dass sich ihm da am Telefon jemand bietet, der anders, schneller, besser, pfiffiger ist.

Tipps zur Telefonrecherche:
- Stellen Sie sich zunächst kurz vor und fragen Sie nach dem richtigen Ansprechpartner.
- Üben Sie Telefonate nach folgenden Beispielen ein, z. B. mit Freunden oder Ihrem Partner.
- Orientieren Sie sich beim Telefonieren an der Schritt-für-Schritt-Anleitung im Internet-Workshop zu diesem Buch. Setzen Sie sich ein Ziel für Ihre Telefonaktion.

Beispiele für Einstiegsfragen am Telefon

- »Ich möchte gerne über Ihr Stelleninserat sprechen. Für mich ergeben sich daraus eine Reihe von Fragen, die ich gerne erörtern möchte.«
- »Ich interessiere mich für Ihre Ausschreibung. Ich bin mir aber noch nicht ganz sicher, ob ich für die Stelle geeignet bin. Dafür fehlen mir einfach weitere Informationen ...«

//Per E-Mail recherchieren?

Immer wieder berichten Bewerber, dass sie auch mit Nachfragen per E-Mail ihr Ziel erreichen. Dabei müssen sie aber darauf achten, diese E-Mail mit einer kurzen Vorstellung zu koppeln, da es unhöflich wirken würde, mit einer Anfrage allzu unvermittelt ins Haus zu fallen.

Stellen Sie Ihre Fragen nur auf elektronischem Weg, wenn die persönliche E-Mail-Adresse des Ansprechpartners bekannt ist und Sie sicher sein können, nicht in einem Bermuda-Postfach zu verschwinden. Erhalten Sie auf eine erste E-Mail nicht binnen zwei Tagen eine Antwort, haken Sie telefonisch nach oder senden Sie ein weiteres Schreiben hinterher. Setzen Sie in Ihrem Schreiben eine Frist, die dem Gegenüber klar macht, dass Sie nicht lockerlassen werden.

Beispiel: »Ich freue mich auf eine Antwort bis Ende dieser Woche. Gerne rufe ich Sie auch persönlich an. Bitte nennen Sie mir einen Termin.«

//Der Adressat: Personaler oder Fachverantwortlicher?

In vielen Fällen – Ausnahme Trainee- und Einstiegspositionen –
wird der Personaler Ihnen gar nicht weiterhelfen können. Für in-
haltliche Fragen ist nämlich der Fachverantwortliche zuständig. Die
Fachabteilung ist auch fast immer diejenige, die letztendlich die
Entscheidung fällt, Sie einzuladen und einzustellen. Wenn Sie also
Entscheider suchen, dann suchen Sie sie hier. Personaler sind »nur«
Empfehler.

//Assessment-Center: Im Idealfall neutral und objektiv

In Konzernen und bei AGs ist der Einfluss der Personalabteilung
tendenziell größer als in kleinen Unternehmen. Vielleicht gibt hier
sogar einmal die Personalabteilung den Ausschlag. Zum Einstel-
lungsverfahren gehört hier jedoch fast immer auch ein so genanntes
Assessment-Center (AC), das eine gewisse Neutralität bei der Auswahl gewährt. Kandidaten müssen ein individuell ausgearbeitetes
»Programm« und verschiedene Übungen durchlaufen, bei denen
sie von einer Art »Gremium« beobachtet werden.

Das AC vergleicht Kandidaten (wenn es gut ist) objektiv und aus
Sicht der stellenspezifischen Anforderungen. Persönliche Anstren-
gungen und Versuche, sich zu verstellen oder zu schauspielern, ver-
puffen weitestgehend. Wenn Sie nicht wirklich teamfähig sind, dies
aber eine Hauptanforderung aus Sicht des Arbeitgebers darstellt,
wird das Assessment-Center es mit an Sicherheit grenzender Wahrscheinlichkeit und aller Verstellversuche zum Trotz auch an den Tag
bringen.

Tipp: Sie haben in den vorderen Kapiteln bereits gesehen, dass es
wenig Sinn macht, sich auf Stellen zu bewerben, die nicht zu Ihnen passen – sei es aufgrund persönlicher oder aufgrund fachlicher Anforderungen. Insofern sollte Sie auch kein AC schrecken.

b@w Anschreiben: die richtige Formulierung

► An den ersten Sätzen beißen sich Bewerber meist die Zähne aus. Dabei ist es doch so einfach: Wenn Sie wissen, was Sie sagen wollen, können Sie es auch schreiben. Und je intensiver Sie sich vor dem Schreiben mit sich selbst und dem Unternehmen beschäftigt haben, desto leichter sollte Ihnen das fallen. Doch manchmal werden Sie den Wald vor Bäumen nicht sehen. Dann kann ein Außenstehender helfen, Klarheit zu gewinnen. Wählen Sie dazu keinen Bekannten oder Ihnen persönlich nahe stehende Personen aus, sondern jemand mit einer neutralen Sicht und dem nötigen Abstand.

//Konkret statt abstrakt

Je abstrakter Ihre Sprache, desto weniger sagen Sie aus. Sehr viele Anschreiben klingen deshalb gestelzt und aufgebläht, weil nur unkonkrete Begriffe und Worthülsen verwendet werden. Das sind Ausdrücke, die erheblichen individuellen Interpretationsspielraum lassen und alles und nichts heißen können. Da ist von »Familienmanagement« die Rede, von der »Suche nach neuen Herausforderungen«, »von anspruchsvollen Aufgaben, die gerne wahrgenommen werden« oder von persönlichen Fähigkeiten, die im Bereich »Teamfähigkeit, Flexibilität und Organisationsstärke« liegen.

Wenn Sie sich bewerben, sollten Sie Ihre Vorzüge darlegen. Und das bedeutet: Fakten auf den Tisch. Sie bewerben sich nicht als Texter (naja, bis auf die Ausnahme Texter eben). Erwartet werden lediglich eine ordentliche Grammatik und richtige Rechtschreibung.

//Maximal eine DIN-A4-Seite – aber mit Profil

Beschränken Sie sich bei Ihrem Anschreiben auf eine einzige DIN-A4-Seite. Nur in Ausnahmefällen sollte Ihr Anschreiben länger ausfallen – wenn Sie sich dadurch ganz bewusst von der Masse abheben wollen und wirklich etwas (Ungewöhnliches) zu sagen haben.

Zeigen Sie Profil, indem Sie es nicht so machen wie alle. Bewerbungen in ungewöhnlichen Formaten oder Layouts – etwa im Mini-Format DIN-A5 – können positiv aus dem Rahmen fallen, vor allem in kreativen Branchen und Berufen. Mitunter ist es sogar eine spannende und individuelle Idee, auf Anschreiben im klassischen Sinn zu verzichten. In konservativen Branchen und bei Bewerbungen im öffentlichen Dienst sollten Sie Ihre Kreativität allerdings zügeln!

Beispiel für eine Mini-Format-Bewerbung: Diese Bewerbung (abgebildet sind die ersten beiden Seiten) ist im Original im DIN-A5-Querformat erstellt worden. Sie enthält kein Anschreiben, sondern besteht aus einem Lebenslauf und Arbeitsproben. Die Blätter sind wie ein Buch gebunden. Das Cover ist durchsichtig und schwarz.

stefan May, reichtag 10, 11223 berlin

stefan may, architekt, bewirbt sich jetzt wieder

tel. 030-43433545, E-Mail: may@mayfeuer.de

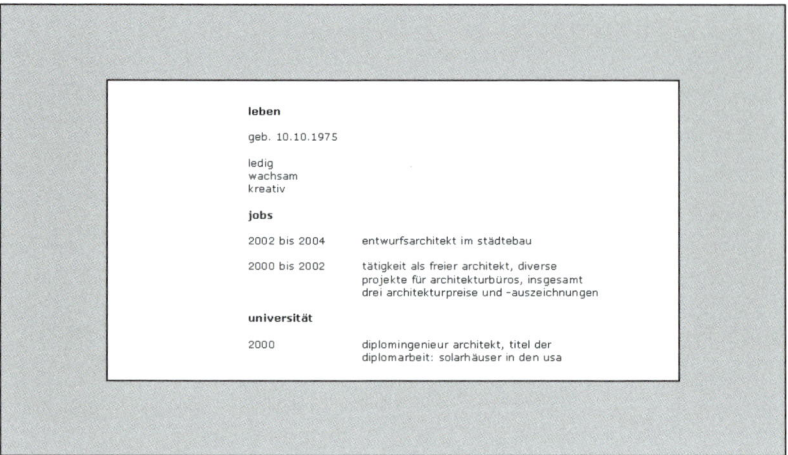

//Werbemailing als Beispiel nehmen

Im Allgemeinen gilt: je kürzer, desto besser. Mit einem übersichtlichen Brief lenken Sie zudem die Aufmerksamkeit geschickt auf die wesentlichen Punkte. Orientieren Sie sich dabei an einem typischen Werbemailing und achten Sie auf die Punkte, die der Leser zuerst wahrnimmt. Dies sind die Betreffzeile, der erste Satz und das Briefende – meistens steht hier im Bewerbungsschreiben aber bloß die Grußformel oder das Wort »Anlagen«.

Aus der Werbepsychologie stammt das Wissen, dass es unter Umständen sinnig ist, am Briefende ein Postskriptum (PS) einzubauen. Dies ist in jedem Fall ein Blickfänger auf dem Briefbogen, der beachtet wird, noch bevor der Text als Ganzes gelesen worden ist. Überlegen Sie sich, wie Sie den Raum hinter diesen zwei Buchstaben mit starken Worten sinnvoll nutzen können.

Beispiele: Nutzen Sie das PS für

- einen überraschenden Abschluss (»Auf der CeBIT habe ich mit Ihrem Vorstand gesprochen. Eine starke Persönlichkeit.«)
- einen speziellen Gruß (»Bitte grüßen Sie den Marketingvorstand Herrn Dr. Meyer ganz herzlich von mir.«)

- ein Dankeschön (»Die Unterlagen waren übrigens schon am nächsten Tag bei mir. Vielen Dank!«)
- ein Kompliment (»Ihre neue Werbekampagne finde ich sehr gelungen.«)
- einen Hinweis (»Ich moderiere am 12.3. in der IHK einen Workshop genau zu diesem Thema. Kommen Sie doch vorbei, dann gebe ich Ihnen direkt eine Arbeitsprobe.«)
- PS: Besuchen Sie doch einmal meine Internetseite. Dort habe ich weitere Informationen bereitgestellt.
- PS: Ihre Firmendarstellung gefällt mir übrigens sehr!

Seien Sie kreativ! Wichtig ist, dass das PS einen positiven Abschluss bildet und nicht etwa überflüssig und unbeholfen wirkt. In sehr traditionellen Branchen und bei vielen Behörden ist ein PS nicht angebracht. Beenden Sie Ihren Brief hier konventionell mit den »Anlagen« (dieser Begriff reicht aus, Einzelauflistung ist nicht nötig – bei sehr vielen Anlagen sollten Sie besser ein separates Inhaltsverzeichnis erstellen).

//Auch für E-Mail-Anschreiben gibt es Formregeln

Kürze ist vor allem auch bei E-Mail-Anschreiben wichtig. Ein Anschreiben sollte nicht mehr als eine Bildschirmseite umfassen. Sie setzen es in der Regel direkt in die E-Mail.

Manche Firmen bevorzugen das Anschreiben aber auch als Anhang im Format PDF. Dann folgt das Anschreiben exakt den Regeln einer Postbewerbung. Die Kunst ist es, zusätzlich wenige prägnante Sätze in den eigentlichen E-Mail-Text (»plain text«) zu schreiben, die den Personalverantwortlichen neugierig macht, Ihr PDF-Anschreiben auch zu lesen. Eine leere E-Mail oder knappe Texte à la »anbei die Bewerbungsunterlagen« sollten Sie vermeiden. Das wirkt unsympathisch. Zudem sinkt die Wahrscheinlichkeit, dass Ihre E-Mail geöffnet wird.

//Die Bausteine des Anschreibens

Jedes Anschreiben besteht aus verschiedenen Bausteinen. Erst das richtige Zusammenspiel entscheidet über die Gesamtwirkung.

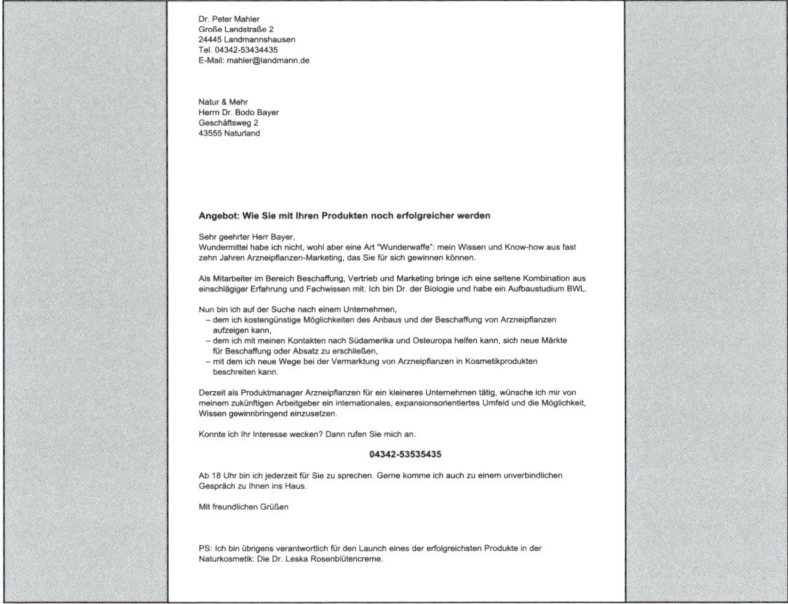

Dr. Peter Mahler
Große Landstraße 2
24445 Landmannshausen
Tel. 04342-53434435
E-Mail: mahler@landmann.de

Natur & Mehr
Herrn Dr. Bodo Bayer
Geschäftsweg 2
43555 Naturland

Angebot: Wie Sie mit Ihren Produkten noch erfolgreicher werden

Sehr geehrter Herr Bayer,
Wundermittel habe ich nicht, wohl aber eine Art "Wunderwaffe": mein Wissen und Know-how aus fast zehn Jahren Arzneipflanzen-Marketing, das Sie für sich gewinnen können.

Als Mitarbeiter im Bereich Beschaffung, Vertrieb und Marketing bringe ich eine seltene Kombination aus einschlägiger Erfahrung und Fachwissen mit. Ich bin Dr. der Biologie und habe ein Aufbaustudium BWL.

Nun bin ich auf der Suche nach einem Unternehmen,
– dem ich kostengünstige Möglichkeiten des Anbaus und der Beschaffung von Arzneipflanzen aufzeigen kann,
– dem ich mit meinen Kontakten nach Südamerika und Osteuropa helfen kann, sich neue Märkte für Beschaffung oder Absatz zu erschließen,
– mit dem ich neue Wege bei der Vermarktung von Arzneipflanzen in Kosmetikprodukten beschreiten kann.

Derzeit als Produktmanager Arzneipflanzen für ein kleineres Unternehmen tätig, wünsche ich mir von meinem zukünftigen Arbeitgeber ein internationales, expansionsorientiertes Umfeld und die Möglichkeit, Wissen gewinnbringend einzusetzen.

Konnte ich Ihr Interesse wecken? Dann rufen Sie mich an.

04342-53535435

Ab 18 Uhr bin ich jederzeit für Sie zu sprechen. Gerne komme ich auch zu einem unverbindlichen Gespräch zu Ihnen ins Haus.

Mit freundlichen Grüßen

PS: Ich bin übrigens verantwortlich für den Launch eines der erfolgreichsten Produkte in der Naturkosmetik: Die Dr. Leska Rosenblütencreme.

Der Absender

Schreiben Sie Ihren Absender oberhalb des Empfängers oder setzen Sie ihn rechts oben auf das Blatt. Viele Bewerber entwickeln eigene Logos. Wenn Sie diesen Weg beschreiten, sollte Ihr Logo auf jedem Blatt wiederkehren. Achten Sie jedoch auf dezente Darstellungen und protzen Sie nicht mit Größe. Auch Schnörkel sind mit Vorsicht zu genießen. In der Regel ist weniger mehr: Betonen Sie lieber Ihre Worte, als am Erscheinungsbild Ihres Namens zu basteln.

Tipps – die richtige Absender-Angabe

- Die Angabe einer Webadresse kann den Leser dazu verlocken, sich diese auch anzusehen. Ist der Inhalt aber wirklich relevant? Verwirrt er vielleicht nur? Schreiben Sie Ihre Webadresse nur hin, wenn diese beruflich interessante Zusatzinformationen liefert. Vorsicht: Allein der ungewöhnliche Name einer Webseite kann schon irritieren oder verwirren.

- Die E-Mail-Adresse muss aussagekräftig sein und darf keine Schlüsse über Sie zulassen, die mit dem Job nichts zu tun haben. Die Adresse sollte weder Ihre Zugehörigkeit zu einem Frauenverband noch einen »Nickname«, also einen Alias- oder Kosenamen, bekannt machen, sondern neutral sein. Vorname und Nachname sind die beste Kombination.

- Falls Sie nur eine Handynummer angeben, verärgern Sie damit vielleicht Ansprechpartner, die Handys bewusst meiden, weil sie ihnen zu teuer sind oder das für unseriös halten – und davon gibt es einige! Besser: Alle verfügbaren Kontaktmöglichkeiten aufführen, also Mobilnummer und Festnetznummer nennen, eventuell Fax und E-Mail-Adresse.

- Bewerben Sie sich um eine Stelle in einer anderen Stadt, kann es unter Umständen Sinn machen, nicht die eigene Adresse, sondern eine Adresse vor Ort zu nennen. Vor allem bei Nicht-Führungskräften scheuen Firmen in der Regel die mit einer Einladung von Ortsfremden verbundenen Kosten. Haben Sie einen Freund oder Bekannten vor Ort? Dann bitten Sie ihn einzuspringen und »Postmann« zu spielen. Dies können Sie immer noch aufklären, wenn Sie dann zum Gespräch eingeladen werden.

Der Empfänger

Zu wessen Händen schreiben Sie? Dies sollten Sie auf keinen Fall vergessen. Nennen Sie auch den vollständigen Namen des Unter-nehmens, inklusive seiner Gesellschaftsform. Erlauben Sie sich hier keinen Flüchtigkeitsfehler!

Das Datum

Im klassischen DIN-Brief steht es rechts im Brief in der Höhe des Empfängers. Sie können es auch zwischen Empfänger und Betreff platzieren. Achten Sie auf Harmonie: Wenn Sie im Lebenslauf stets Kurzformen wie 04/2004 wählen, sollten Sie auch hier so schreiben: 04.04.2004. Wählen Sie die weichere, ausgeschriebene Variante, also 4. April 2004, sollte sich dies in der Vita so fortpflanzen: 1. April 2004 bis 31. Oktober 2005.

Die aussagekräftige Betreffzeile

Die Betreffzeile muss sachgerecht sein, damit Ihr Schreiben eingeordnet werden kann. Kreativität ist hier nur in begrenztem Umfang sinnvoll, beispielsweise, indem Sie Adjektive (»Innovativer Projektleiter ...«) einfließen lassen. Je größer und konventioneller das Unternehmen, desto faktenorientierter sollten Sie argumentieren. Bei Behörden können Ihnen zu stark werbliche Betreffzeilen sogar negativ ausgelegt werden. Formulieren Sie nutzwertig. Falls das Inserat eine Nummer hat, beziehen Sie sich darauf. Auch die Quelle der Anzeige (Internet, Jobbörse, Tageszeitung, Website?) sollten Sie nennen. Nehmen Sie inhaltlich Bezug auf die Anzeige oder ein zuvor stattgefundenes Gespräch.

Beispiele:

- Ihre Anzeige in der FAZ vom 18./19.9.2004 – Sie suchen ein Vertriebstalent
- In der FAZ vom 18./19.2004 suchen Sie ein Vertriebstalent
- Sie suchen einen Maschinenbauingenieur – ich stelle mich vor
- Bewerbung um die Position als Grafikdesigner – Ihre Anzeige in der Zeitschrift Page 7/2004
- Unser freundliches Gespräch vom 23.10.2004: Bewerbung als KFZ-Meister

Die Betreffzeile in einer E-Mail-Bewerbung

Für die E-Mail gelten dieselben Regeln. Sie müssen sich hier jedoch noch kürzer halten. E-Mail-Programme schneiden Betreffzeilen oft nach einer bestimmten Anzahl von Zeichen ab. Dies können Sie absolut nicht beeinflussen. Kommen Sie also sofort zum Punkt. Sie erleichtern den Bearbeitern die Zuordnung, wenn Sie schreiben, dass es sich um eine Bewerbung handelt. Sie vermeiden zudem, in einem Spamfilter zu landen, der nicht selten auch E-Mails vollkommen harmlosen Inhalts absorbiert!

Die persönliche Ansprache

In den meisten Fällen empfiehlt es sich mit »Sehr geehrte/r« zu starten und den Ansprechpartner direkt mit Namen anzureden. Hatten Sie bereits vorher Kontakt zu einem Unternehmen und war der Ton sehr locker, können Sie auch ein »hallo« oder »guten Tag« wagen. Für eine E-Mail gilt prinzipiell das Gleiche: Wählen Sie den Ton, der Ihnen auch für eine Postbewerbung angebracht scheint.

//Der fesselnde erste Satz

Es gibt nur eine Regel für einen packenden ersten Satz: Er sollte so ungewöhnlich sein, dass der Personalverantwortliche weiterliest.

Dies können Sie auf unterschiedliche Art und Weise erreichen, beispielsweise indem Sie das Wissen um ein bestimmtes Detail kundtun oder sofort eine Qualifikation oder Fähigkeit hervorheben.

> **Beispiele**
> - Sehr geehrter Herr Müller, den gestrigen Nachrichten habe ich entnommen, dass Sie Ihre Filiale nach Dresden verlegen möchten. Bei der Rekrutierung neuer Mitarbeiter könnte ich Ihnen nützlich sein. Ich mache Ihnen folgendes Angebot: ...

> ● Sehr geehrte Frau Rabe, seit Oktober 2004 bin ich zertifizierter Qualitätsmanager und aufgrund meiner Erfahrung überzeugt, die Aufgabe zu Ihrer Zufriedenheit ausüben zu können.

Tipp: Keine platten Sprüche! Häufig wird Bewerbern in Arbeitsagenturkursen empfohlen, den Slogan (Werbespruch) des jeweiligen Unternehmens aufzugreifen (Beispiel: »Geht nicht gibt´s nicht« für die Praktiker-Märkte). Das kann nett und pfiffig klingen, aber auch platt und nichtssagend. Der inhaltliche Bezug geht dabei oft verloren. Wer ein erklärungsbedürftiges Produkt verkauft – und Sie sind als »Produkt« erklärungsbedürftig –, sollte faktenorientiert vorgehen. Also Vorsicht vor einer zu starken »Sloganisierung«.

//Die prägnante Selbstdarstellung

Es gibt keine Regeln, was ein Bewerbungsanschreiben über Sie aussagen muss. Damit sich das Gegenüber ein Bild machen kann, sollten Sie aber Aussagen zu verschiedenen Aspekten treffen. Erstellen Sie anhand Ihrer Bewerber-Biografie ein so genanntes Ich-Quadrat, das alle Aspekte Ihres Profils umfasst. Formulieren Sie darauf basierend kurze Sätze.

Qualifikationsprofil	Erfolgsprofil
Welche Berufsausbildung und Berufserfahrung Sie haben	Welche Leistungen Sie vorweisen können

Fähigkeitsprofil	Persönlichkeitsprofil
Was Sie bisher gemacht haben und welche Fähigkeiten Sie dabei auszeichnen	Worin Ihre größten persönlichen Stärken liegen

Beispiele:

- Als Diplom-Informatiker (FH) habe ich mit Teams von acht bis zehn Mitarbeitern mehr als 100 erfolgreiche Projekte betreut. Mein letzter großer Erfolg war die Migration von Windows NT auf Linux. In diesem Zusammenhang habe ich auch die Mitarbeiter-Schulungen geplant und verantwortet. Inzwischen arbeiten 250 Mitarbeiter auf Linux-Basis und verwenden das Programmpaket Open Office.
- Als gelernte Bürokauffrau mit zehn Jahren Sekretariatserfahrung bin ich derzeit als Office-Managerin für alle Fragen der Büroorganisation zuständig. Beim Unternehmen XY habe ich die Lohnbuchhaltung komplett neu aufgebaut und strukturiert. Zudem war ich maßgeblich für die Einführung eines Qualitätsmanagementsystems zuständig. Chef und Kollegen schätzen mich als durchsetzungsstark und energisch: Einmal gesetzte Ziele erreiche ich auch.

//Die pfiffige Abschlusspassage

Die letzten Sätze sind traditionell Aussagen zu Ihren persönlichen Fähigkeiten und Ihrem derzeitigen Status vorbehalten. Hier sagen Sie, dass Sie in ungekündigter Stellung stehen, oder äußern beispielsweise den Wunsch nach einem Vorstellungsgespräch. Das ist aber gar nicht immer notwendig, denn es ist selbstverständlich, dass Sie ein Interesse daran haben. Wer Sie einladen möchte, wird dies tun, auch wenn Sie diesen Wunsch nicht explizit, sondern nur zwischen den Zeilen kundtun.

Eine andere Möglichkeit, den Raum zu nutzen: Erläutern Sie, warum Sie glauben, dass Sie und das Unternehmen so gut zusammenpassen. Geben Sie eine Anekdote oder ein persönliches Motto preis, schreiben Sie etwas Überraschendes.

Beispiele:

- Mein Motto ist »mit einem Lächeln geht alles leichter«. Auch bei schwierigen Kunden verliere ich nie den Humor. (Bewerbung als Telefonverkäufer)

> ● Kürzlich sagte ein Kursteilnehmer: »Bei Ihnen hören alle immer so fasziniert zu. Wie schaffen Sie das nur?« (Bewerbung als Dozent)

//Die Grußformel

»Mit freundlichen Grüßen« – so liegen Sie meistens richtig. Alternativen liegen bestenfalls in »freundliche Grüße« oder »beste Grüße« (sehr verbreitet im Kreativbereich). Die »herzlichen Grüße« dagegen können sympathisch wirken, dem Ansprechpartner aber auch zu persönlich sein.

Anschreiben – Zielgruppenkurzbewerbung

► Die Zielgruppenkurzbewerbung funktioniert wie ein Werbe-Mailing und folgt den gleichem Aufbau-Prinzip, AIDA genannt:

● Attention – Aufmerksamkeit wecken
● Interest – Interesse erzeugen
● Desire – Wunsch wecken
● Action – Handlung auslösen

//Was ist eine Zielgruppenkurzbewerbung?

Die Zielgruppenkurzbewerbung sieht nicht aus wie eine Bewerbung und erweckt auch nicht den Anschein, eine solche zu sein. Sie richtet sich vielmehr direkt an den Geschäftsführer, eventuell einen Vorstand oder Abteilungsleiter. Ihr Zweck ist, den Ansprechpartner neugierig zu machen und »Appetit« auf mehr zu wecken.

Zielgruppenkurzbewerbungen sind ideal für alle, die sehr spezielles Wissen haben. Dies kann Branchen- oder Fachwissen sein. Auch für die höhere Führungsebene eignet sich diese Art der Vorstellung.

Selbst Absolventen können damit erfolgreich sein, wenn entsprechend viele Firmen angesprochen werden. Dabei hat sich das Branchenprinzip bewährt – das heißt, Bewerbungen sollten innerhalb der Branche verschickt werden, in der Sie bisher auch Erfahrungen gesammelt haben. Diese müssen nicht notwendigerweise auf »echter« Berufserfahrung fußen. Ein Bewerber, der sich in seiner Diplomarbeit mit der »Vermarktung von Arzneipflanzen in Kosmetikprodukten« beschäftigt hat, findet hierin einen idealen Ansatzpunkt für seine Bewerbung in der Kosmetikbranche. Eine »Responsequote« von drei bis fünf Prozent Antworten ist selbst bei Absolventen zu erwarten. Das sind bei 500 Mailings immerhin bis zu 25 Reaktionen – sprich Einladungen oder zumindest Aufforderungen, die vollständigen Unterlagen zu schicken.

Tipps für die Zielgruppenkurzbewerbung

- Definieren Sie Ihre Zielgruppe. Wer könnte sich für einen Bewerber mit Ihrer Erfahrung interessieren?
- Recherchieren Sie Adressen und Ansprechpartner. Nutzen Sie dazu das Internet. Im Impressum müssen die geschäftsführenden Gesellschafter verzeichnet sein. Dies ist rechtlich so vorgeschrieben.
- Schreiben Sie ein kurzes Konzept für Ihre Zielgruppenkurzbewerbung (siehe Beispiel).
- Formulieren Sie Ihr Schreiben.
- Lassen Sie das Schreiben von neutralen Personen gegenlesen.
- Achten Sie auf eine übersichtliche Formatierung, die dem üblichen Blickverlauf gerecht wird.
- Sprechen Sie jeden Ansprechpartner mit Namen an (durch die Seriendruckfunktion im Programm Word einfach möglich).
- Achten Sie auf ansprechendes Papier! Allerdings kann ein Wasserzeichen auch übertrieben wirken, denken Sie branchenspezifisch. Verwenden Sie nur Blätter mit einem qualitativ hochwertigen Ausdruck.

- Vergessen Sie nicht, Ihre Kontaktdaten deutlich hinzuschreiben.
- Schicken Sie den Brief per Post, es sei denn, Sie bewegen sich in sehr internetaffinen Branchen. Aber auch hier kommt ein Brief teilweise besser an. Die Gefahr, dass ein E-Rundmailing verschwindet, ist größer, als dass ein Brief verloren geht.

//Konzept für die Zielgruppenkurzbewerbung

Bevor Sie losschreiben, sollten Sie überlegen, was Sie aussagen wollen. Vielleicht mögen Sie das Formulieren auch einem Profi überlassen? Oft schafft es ein Außenstehender besser, wesentliche Aussagen über Sie auf den Punkt zu bringen.

Beispiel für ein Konzept
Zielgruppenkurzbewerbung für eine Position in der Beschaffung von Arzneipflanzen

Zielgruppe:
Geschäftsführer aus
a.) der Naturkosmetikbranche und
b.) traditionellen Markenkosmetikunternehmen

Ziel:
Geschäftsführer dazu bewegen, mich anzurufen und einzuladen.

Hintergrund:
Es gibt zahlreiche Arzneipflanzen, die sich ideal in Kosmetikprodukten verarbeiten ließen.

Weg zur Erreichung des Ziels:

- Situation/Problem aufzeigen: Viele Arzneipflanzen sind ideale Kosmetikprodukte, aber unentdeckt. Manche Pflanzen sind zu teuer im Anbau, die Beschaffung ist schwer.
- Lösung anbieten: Ich kenne die Pflanzen, bin erfahren in der Beschaffung, weiß günstigere Anbaumöglichkeiten, besitze Vertriebserfahrung, ideale Schnittstelle zu Forschung und Entwicklung.

Beispiel für eine Zielgruppenkurzbewerbung auf der Basis dieses Konzepts

Dr. Peter Mahler
Große Landstraße 2
24445 Landmannshausen
Tel. 04342-53434435
E-Mail: mahler@landmann.de

Natur & Mehr
Herrn Dr. Bodo Bayer
Geschäftsweg 2
43555 Naturland

Angebot: Wie Sie mit Ihren Produkten noch erfolgreicher werden

Sehr geehrter Herr Bayer,
Wundermittel habe ich nicht, wohl aber eine Art "Wunderwaffe": mein Wissen und Know-how aus fast zehn Jahren Arzneipflanzen-Marketing, das Sie für sich gewinnen können.

Als Mitarbeiter im Bereich Beschaffung, Vertrieb und Marketing bringe ich eine seltene Kombination aus einschlägiger Erfahrung und Fachwissen mit. Ich bin Dr. der Biologie und habe ein Aufbaustudium BWL.

Nun bin ich auf der Suche nach einem Unternehmen,
– dem ich kostengünstige Möglichkeiten des Anbaus und der Beschaffung von Arzneipflanzen aufzeigen kann,
– dem ich mit meinen Kontakten nach Südamerika und Osteuropa helfen kann, sich neue Märkte für Beschaffung oder Absatz zu erschließen,
– mit dem ich neue Wege bei der Vermarktung von Arzneipflanzen in Kosmetikprodukten beschreiten kann.

Derzeit als Produktmanager Arzneipflanzen für ein kleineres Unternehmen tätig, wünsche ich mir von meinem zukünftigen Arbeitgeber ein internationales, expansionsorientiertes Umfeld und die Möglichkeit, Wissen gewinnbringend einzusetzen.

Konnte ich Ihr Interesse wecken? Dann rufen Sie mich an.

04342-53535435

Ab 18 Uhr bin ich jederzeit für Sie zu sprechen. Gerne komme ich auch zu einem unverbindlichen Gespräch zu Ihnen ins Haus.

Mit freundlichen Grüßen

PS: Ich bin übrigens verantwortlich für den Launch eines der erfolgreichsten Produkte in der Naturkosmetik: Die Dr. Leska Rosenblütencreme.

b@w   Anschreiben: Was lösen sie aus?

Übung: Versetzen Sie sich einmal in die Lage eines Personalers. Was lösen die folgenden beispielhaften Anschreiben in Ihnen aus? Was können Sie daraus für Ihre eigenen Anschreiben ersehen?

Marius Müller
Müllerallee 23
112233 Irgendwo
Tel. 04104-11231321
E-Mail: marius.mueller@beispiel.de

Talkline GmbH & Co. KG
Personalabteilung
Talkline Platz 1
25337 Elmshorn

Initiativbewerbung

Sehr geehrte Damen und Herren,

Ihre fünf Werte sprechen mich persönlich gleich fünf Mal an.

Auch für mich steht der Kunde im Mittelpunkt. Ich begegne ihm mit Respekt und Toleranz, selbst unter Stress. ich lasse nie meine "Launen" an Kunden aus und bleibe auch bei schwierigen Gesprächspartnern immer freundlich. Teamarbeit ist mir wichtig und eine angenehme Atmosphäre motiviert mich.

Derzeit suche ich eine Stelle als Call Center Agent, da ich seit zwei Monaten arbeitslos bin. Sehr wichtig bei meinem künftigen Job sind mir dabei eine professionelle Umgebung und ein sympathisches Team.

Kenntnisse im Bereich der Telekommunikation bringe ich mit. So habe ich sechs Monate im Auftrag der Zeitarbeitsfirma Adeco für ein Call Center der Telekom gearbeitet. Außerdem beschäftige ich mich auch privat gern mit Mobilfunk und dem Internet, beispielsweise Wireless LAN.

Ich bin 30 Jahre alt und arbeite seit dem Abschluss meines Studiums als Diplom-Biologe 1999 als Call Center Agent. Die überwiegende Zeit war ich Inbound tätig, habe aber auch sechs Monate Outbound-Erfahrung.

Geben Sie mir Gelegenheit zum persönlichen Gespräch? Vielen Dank.

Mit freundlichen Grüßen

– Anlagen –

Kommentar: Ein sympathischer Brief, trotz der unpersönlichen Ansprache. Der Brief verspricht einen Bewerber, der sich gut in ein Callcenter-Team einfügen wird. Zwar schreibt Marius Müller viel über sich selbst, jedoch in einer auf die Unternehmensbedürfnisse bezogenen Art. Wer »auch bei schwierigen Gesprächspartnern immer freundlich« bleibt, ist sicher für jedes Callcenter ein Wunschkandidat.

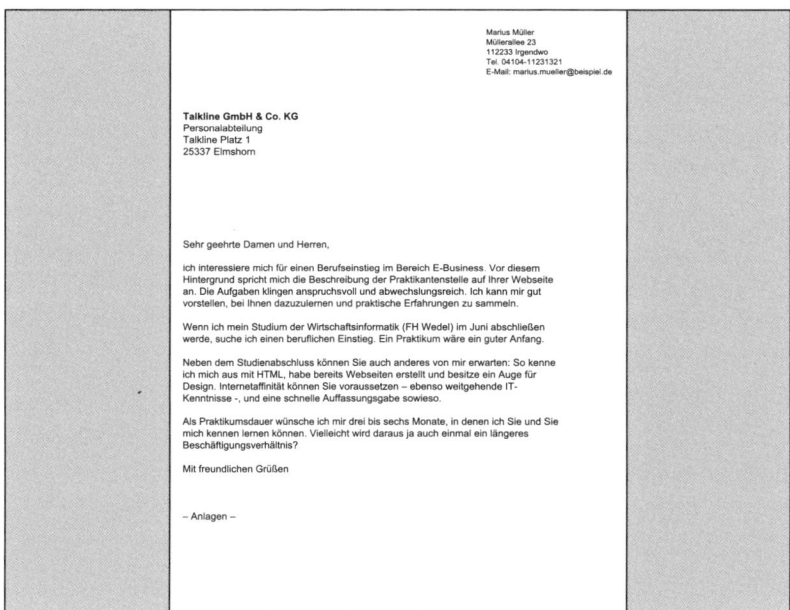

Marius Müller
Müllerallee 23
112233 Irgendwo
Tel. 04104-11231321
E-Mail: marius.mueller@beispiel.de

Talkline GmbH & Co. KG
Personalabteilung
Talkline Platz 1
25337 Elmshorn

Sehr geehrte Damen und Herren,

ich interessiere mich für einen Berufseinstieg im Bereich E-Business. Vor diesem
Hintergrund spricht mich die Beschreibung der Praktikantenstelle auf Ihrer Webseite
an. Die Aufgaben klingen anspruchsvoll und abwechslungsreich. Ich kann mir gut
vorstellen, bei Ihnen dazuzulernen und praktische Erfahrungen zu sammeln.

Wenn ich mein Studium der Wirtschaftsinformatik (FH Wedel) im Juni abschließen
werde, suche ich einen beruflichen Einstieg. Ein Praktikum wäre ein guter Anfang.

Neben dem Studienabschluss können Sie auch anderes von mir erwarten: So kenne
ich mich aus mit HTML, habe bereits Webseiten erstellt und besitze ein Auge für
Design. Internetaffinität können Sie voraussetzen – ebenso weitgehende IT-
Kenntnisse –, und eine schnelle Auffassungsgabe sowieso.

Als Praktikumsdauer wünsche ich mir drei bis sechs Monate, in denen ich Sie und Sie
mich kennen lernen können. Vielleicht wird daraus ja auch einmal ein längeres
Beschäftigungsverhältnis?

Mit freundlichen Grüßen

– Anlagen –

Kommentar: Das Bewerbungsanschreiben um einen Praktikums-
platz drückt die Motivation des Bewerbers optimal aus, bringt außerdem die geforderten Kenntnisse auf den Punkt. Dieser Bewerber wird
sicher eingeladen!

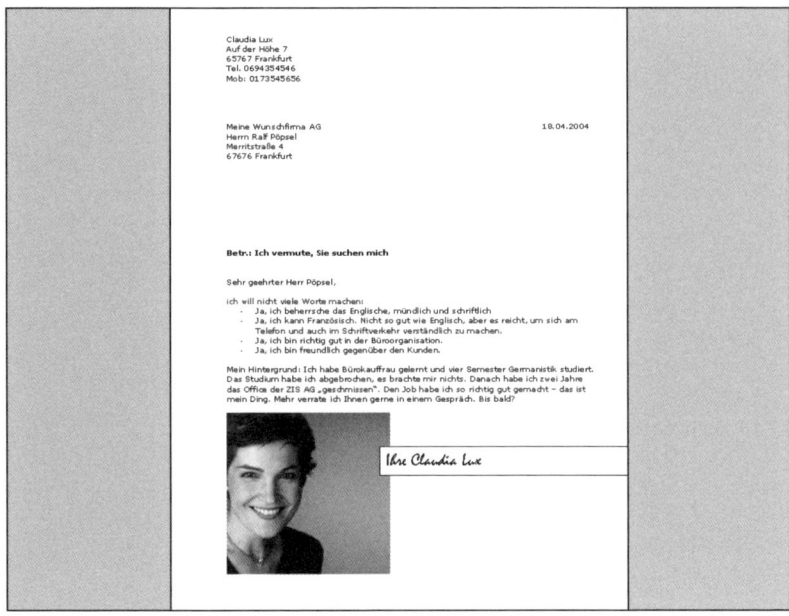

Claudia Lux
Auf der Höhe 7
65767 Frankfurt
Tel. 0694354546
Mob: 0173545656

Meine Wunschfirma AG   18.04.2004
Herrn Ralf Pöpsel
Merritstraße 4
67676 Frankfurt

Betr.: Ich vermute, Sie suchen mich

Sehr geehrter Herr Pöpsel,

ich will nicht viele Worte machen:
- Ja, ich beherrsche das Englische, mündlich und schriftlich
- Ja, ich kann Französisch. Nicht so gut wie Englisch, aber es reicht, um sich am Telefon und auch im Schriftverkehr verständlich zu machen.
- Ja, ich bin richtig gut in der Büroorganisation.
- Ja, ich bin freundlich gegenüber den Kunden.

Mein Hintergrund: Ich habe Bürokauffrau gelernt und vier Semester Germanistik studiert. Das Studium habe ich abgebrochen, es brachte mir nichts. Danach habe ich zwei Jahre das Office der ZIS AG „geschmissen". Den Job habe ich so richtig gut gemacht – das ist mein Ding. Mehr verrate ich Ihnen gerne in einem Gespräch. Bis bald?

Ihre Claudia Lux

Kommentar: Eine sehr individuelle Bewerbung, die natürlich und unverfälscht rüberkommt und vermutlich viele positive Reaktionen auslöst. Ein bisschen gewagt, aber für eine Position im Office-Management vollkommen in Ordnung.

Die geheimnisvolle »Seite drei«

»Ich habe von so einer Seite drei gelesen. Brauche ich die?«, fragt Paula.

► Lebenslauf und Anschreiben gehören in jede Bewerbung. Aber wie sieht es mit weiteren Seiten aus? Die Frage nach der »Seite drei« lässt sich nicht pauschal beantworten. Entscheidend ist das Gesamtbild Ihrer Unterlagen. Welchen Sinn macht in diesem Zusammenhang eine solche dritte (oder vierte und fünfte) Seite? Sehen Sie Ihre Bewerbung als ganzheitliches Konzept, das ein klares Ziel verfolgt: Sie wollen damit einen Arbeitgeber von sich überzeugen. Dafür brauchen Sie eine interessante, aussagekräftige Präsentationsmappe. Alles, was hilft, Ihre Verkaufsargumente herauszustellen, ist deshalb erlaubt.

//Zusatzinformationen gehören auf eine Zusatzseite

Zusätzliche Seiten sind gerade dann wichtig, wenn Ihr Lebenslauf Wichtiges verschweigt. Dies können Veröffentlichungen sein, etwa als Fachautor, aber auch Fachkenntnisse auf dem technischen Sektor.

Bei Ingenieuren gehört ein Qualifikationsprofil deshalb fast schon standardmäßig zur Bewerbung. Bewerber aus technischen Berufen tun gut daran zu sagen, mit welchen Techniken sie vertraut sind, an welchen Maschinen und in welchen Umgebungen sie wie lange und intensiv gearbeitet haben.

Auch Softskills können eine weitere Seite füllen, wenn diese für den Job besonders relevant sind. Solche Seiten können Sie mit Aussagen überschreiben wie »Was Sie sonst noch über mich wissen sollen«.

//»Dritte Seiten« mit Sinn – eine Übersicht

Was?	Welcher Inhalt?	Für wen?
Qualifikations-profil	Technische Kenntnisse	Ingenieure, Techniker, IT-Fachkräfte
Projektliste	Auflistung erfolgreicher Projekte	Projektleiter und Projektmanager
Die größten Erfolge	Ihre beruflichen Erfolge	Führungskräfte
Zahlen und Fakten	Welche Umsatzsteigerungen haben Sie erzielt? Wie hat sich der Marktanteil unter Ihrer Führung erhöht? Welche Produkte haben Sie eingeführt?	Vertriebler und Führungskräfte
Argumentations-papier	Warum Branchen- oder Berufswechsel? Welche Fähigkeiten begünstigen den Wechsel, wo sind Anknüpfungspunkte?	Quereinsteiger
Persönlichkeits-seite	Die persönlichen Fähigkeiten	Bewerber, bei denen es stark auf Persönlichkeit ankommen. Bewerber, die über die fachliche Qualifikation allein kaum wettbewerbsfähig sind

Was?	Welcher Inhalt?	Für wen?
Veröffentlichungen	Liste Ihrer Veröffentlichungen (Buch, Zeitung, Zeitschrift)	Wissenschaftler. Bewerber, die bereits viel veröffentlicht haben und damit Fachwissen belegen wollen
Referenzen I	Liste von Auftraggebern	»Freelancer«, die nach fester oder freier Mitarbeit eine Vollzeitanstellung suchen
Referenzen II	Liste von Ansprechpartnern und Beziehung zum Bewerber, mit Telefonnummer und E-Mail-Adresse	Alle Fach- und Führungskräfte
Referenzen III (Beispiel)	Konkrete Empfehlungsschreiben von Fürsprechern und Förderern	
Das sagen Kunden	Zitate von Kunden (ohne Namen, falls dies nicht zuvor abgestimmt worden ist)	Vertriebler; alle, die im direkten Kundenkontakt stehen
Das sagen Chefs und die Kollegen	Zitate von Kollegen	Alle, die den Fokus auf ihre Teamfähigkeit richten wollen, z. B. Office-Kräfte

Qualifikationsprofil

Im Folgenden ein Beispiel für das Qualifikationsprofil eines Mitarbeiters im IT-Bereich. Die Beschreibung der Kenntnisse sollte möglichst präzise sein. Dazu ist eine Angabe der Erfahrung in Jahren kombiniert mit einer Selbsteinschätzung in Schulnoten gut geeignet.

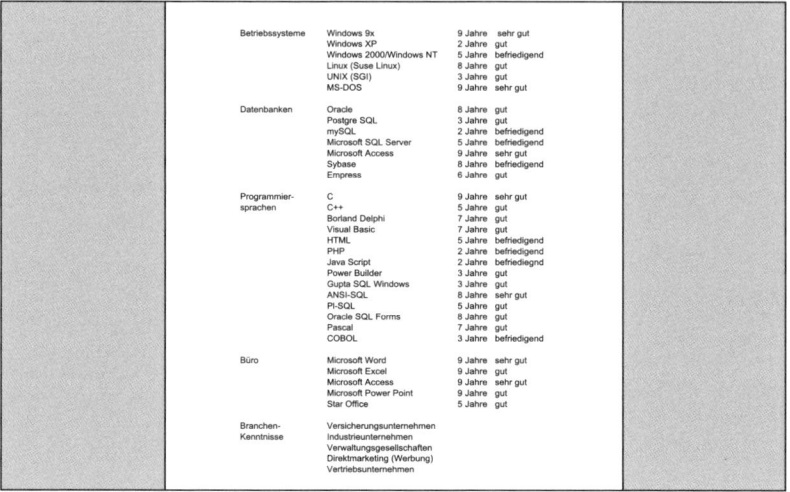

Betriebssysteme	Windows 9x	9 Jahre	sehr gut
	Windows XP	2 Jahre	gut
	Windows 2000/Windows NT	5 Jahre	befriedigend
	Linux (Suse Linux)	8 Jahre	gut
	UNIX (SGI)	3 Jahre	gut
	MS-DOS	9 Jahre	sehr gut
Datenbanken	Oracle	8 Jahre	gut
	Postgre SQL	3 Jahre	gut
	mySQL	2 Jahre	befriedigend
	Microsoft SQL Server	5 Jahre	befriedigend
	Microsoft Access	9 Jahre	sehr gut
	Sybase	8 Jahre	befriedigend
	Empress	6 Jahre	gut
Programmiersprachen	C	9 Jahre	sehr gut
	C++	5 Jahre	gut
	Borland Delphi	7 Jahre	gut
	Visual Basic	7 Jahre	gut
	HTML	5 Jahre	befriedigend
	PHP	2 Jahre	befriedigend
	Java Script	2 Jahre	befriediegnd
	Power Builder	3 Jahre	gut
	Gupta SQL Windows	3 Jahre	gut
	ANSI-SQL	8 Jahre	sehr gut
	PI-SQL	5 Jahre	gut
	Oracle SQL Forms	8 Jahre	gut
	Pascal	7 Jahre	gut
	COBOL	3 Jahre	befriedigend
Büro	Microsoft Word	9 Jahre	sehr gut
	Microsoft Excel	9 Jahre	gut
	Microsoft Access	9 Jahre	sehr gut
	Microsoft Power Point	9 Jahre	gut
	Star Office	5 Jahre	gut
Branchen-Kenntnisse	Versicherungsunternehmen		
	Industrieunternehmen		
	Verwaltungsgesellschaften		
	Direktmarketing (Werbung)		
	Vertriebsunternehmen		

Projektliste

Die nächste Abbildung zeigt einen Ausschnitt aus einer Projektliste. Im Aufbau sind diese immer ähnlich: Wie lange hat das Projekt gedauert? Welche Branche? Was war die Aufgabe? Welche Techniken wurden eingesetzt? Geht es nicht aus der Beschreibung ohnehin hervor, sollte der Bewerber zusätzlich seine Rolle im Projekt definieren (z. B. Projektleiter oder Programmierer).

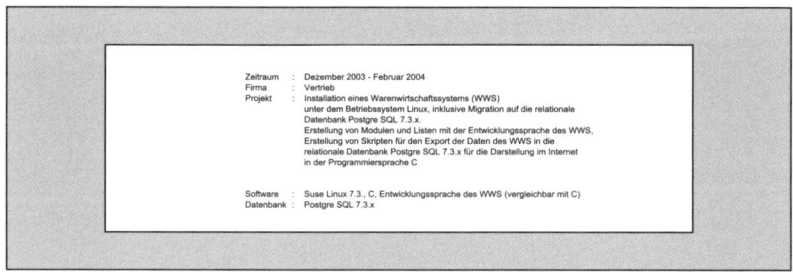

Zeitraum	:	Dezember 2003 - Februar 2004
Firma	:	Vertrieb
Projekt	:	Installation eines Warenwirtschaftssystems (WWS) unter dem Betriebssystem Linux, inklusive Migration auf die relationale Datenbank Postgre SQL 7.3.x. Erstellung von Modulen und Listen mit der Entwicklungssprache des WWS, Erstellung von Skripten für den Export der Daten des WWS in die relationale Datenbank Postgre SQL 7.3.x für die Darstellung im Internet in der Programmiersprache C
Software	:	Suse Linux 7.3., C, Entwicklungssprache des WWS (vergleichbar mit C)
Datenbank	:	Postgre SQL 7.3.x

Empfehlungsschreiben

Zuletzt noch die Empfehlungsschreiben. Dafür gibt es keine Vorschriften. Sie sollten lediglich eines enthalten: offene und ehrliche Worte. Mehr dazu finden Sie im Internet-Workshop zu diesem Buch.

//»Dritte Seiten« – nur die nötigsten

Manche Bewerber legen Ihrer Bewerbung mehr als ein oder zwei zusätzliche Seiten bei. Das kommt oft nicht gut an, da die Mappe damit künstlich aufgebläht wird. Reduzieren Sie Ihre Auswahl auf das wirklich Wesentliche.

Fragen Sie sich:

- Was muss der Arbeitgeber von mir wissen?
- Mit welchen Unterlagen mache ich mich interessant?
- Mit welchen zusätzlichen Infos kann ich belegen, dass ich für den Job geeignet bin?
- Was verwirrt oder lässt ein unklares Bild von mir entstehen?

//Zeigen Sie Spezialistenwissen – im Argumentationspapier

Gerade Bewerber, die sehr viele verschiedene Stationen durchlaufen und eine Menge an Aufgaben erfüllt und Jobs erledigt haben, finden oft nur schwer eine neue Aufgabe. Ihre Bewerbungen überfordern das Gegenüber. Wo soll ein Arbeitgeber eine Bürokraft einsetzen, die zuvor Geschäftsführerin eines Unternehmens war, Webseiten programmiert und dann auch noch Erfahrung im Personalwesen hat? Erfahrung ist gut und wichtig, aber Spezialwissen ist fast überall mehr gefragt als Generalistentum. Der Arbeitgeber braucht eine Schublade, in die er Sie einordnen kann. Versuchen Sie Ihre Unterlagen deshalb so zu gestalten, dass ein klares Bild von Ihnen entsteht. Dies kann bedeuten, Dinge wegzulassen (nicht Lebenslaufstationen!) und die Seite drei als Möglichkeit zu nutzen, scheinbar wirre Lebensläufe wieder ins rechte Licht zu rücken.

Das Argumentationspapier

Beispiel für ein Argumentationspapier: Annette hat ein wenig Pädagogik und etwas BWL studiert, doch nichts zu Ende. Sie war Inhaberin einer eigenen Webagentur, hat als Office-Managerin gejobbt und in der Personalabteilung eines Konzerns gearbeitet. Jetzt möchte sie sich als Allrounderin im Büro vorstellen. Das macht ihr Spaß und sie kann auch gut organisieren. Ihre Seite drei sollte sie dazu nutzen, diesen Aspekt zu verdeutlichen – als Argumentationspapier.

Warum ich mich bei Ihnen als Office-Managerin bewerbe

- Ich besitze ein einzigartiges Talent, Strukturen zu schaffen und zu wahren.
- Auch in stressigen Situationen bleibe ich cool und behalte den Überblick.
- Wo ich bin, ist Ordnung und bleibt Ordnung.
- Ich kann mit allen gängigen PC-Programmen auf Profi-Niveau umgehen.
- Neben Englisch beherrsche ich Spanisch und Französisch.
- In meinen früheren Tätigkeiten hatte ich zwar andere Hauptaufgaben, jedoch ist auch hier mein Organisationstalent aufgefallen. Daraus haben sich spezielle Aufgaben ergeben, wie die Neuorganisation der Gehaltsabrechnung.

Arbeitsproben und andere Beigaben

► Für eine Bewerbung in den so genannten kreativen Berufen brauchen Sie vor allem eines: gute Arbeitsproben. Doch die Auswahl stürzt viele in die Krise. Denn der potenzielle künftige Arbeitgeber möchte in der Regel nur eine Auswahl, beispielsweise die »besten drei Arbeitsproben«. Güte ist hier aber sehr relativ. Setzen Sie Ihre Bewerbung deshalb stets in eine Beziehung zu der ausgeschriebenen Stelle. Als Werbetexterin, die sich bei einem Lebensmittelunternehmen bewirbt, sollten Sie Texte auswählen, die zu der künftigen Aufgabe thematisch passen. Bewerben Sie sich als technischer Redakteur, sollten Sie keine Lifestyle-Reportagen beilegen. Geht es Ihnen um einen Job als Zeitungslayouter, sind Aquarelle eher unangebracht.

Tipp: Es kann Sinn machen, dass Sie in Ihrer Bewerbung die eigene Auswahl an Arbeitsproben kommentieren und begründen.

Beispiele
- Folgender Artikel zeigt, dass ich technisch versiert bin und komplizierte Sachverhalte einfach ausdrücken kann.
- Diesen Artikel habe ich ausgewählt, weil er von der Initiative XY als beste Umweltreportage 2004 ausgezeichnet worden ist.
- Mit folgendem PR-Beitrag habe ich es in mehr als zehn einschlägige Zeitungen und Zeitschriften geschafft.

//Kreative Arbeitsproben: Tipps für alle

Auch – und gerade – wenn Sie zu einer Berufsgruppe gehören, in der man sich üblicherweise nicht mit Arbeitsproben bewirbt, können Sie mit einem solchen »Appetithappen« auf sich aufmerksam machen und sich abgrenzen.

So kann die Schlussredakteurin mit einem Ausschnitt aus einer korrigierten Seite belegen, wie sauber sie arbeitet. Ein Dokumentar wird mit einem kleinen Rätsel für erhöhte Aufmerksamkeit sorgen: »Glauben Sie, dass das stimmt? Wie ich es herausfinde, zeige ich hier ...« Und die Fallstudie eines Unternehmensberaters ist ganz bestimmt geeignet, seine Bewerbung in einem anderen Licht erscheinen zu lassen.

b@w Bewerbungsfoto: das »richtige Bild« von Ihnen

► Studien zufolge hat das Bewerbungsfoto mehr Einfluss auf die Entscheidung des Personalers als die Diplom-Note. Das gibt natürlich niemand zu. Denn unterbewusste Prozesse spielen hierbei eine Rolle. Ein nettes Lächeln macht neugierig – und lässt vielleicht sogar die Lücke im Lebenslauf in einem sympathischen Licht erscheinen.

Dabei geht es nicht um Schönheit. Wichtig ist, dass das Äußere und das Auftreten des Bewerbers die richtige Botschaft signalisieren:

- »Ja, ich passe hier rein.«
- »Ich bin genau der Richtige.«
- »So gepflegt, wie ich aussehe, gehe ich auch mit Kunden um.«
- »Kunden gegenüber bin ich genauso freundlich.«
- »Ich kann zupacken.«
- »Ich bin kreativ.«

Sie sehen: Die Botschaften sind höchst unterschiedlich. Das ist auch der Grund, aus dem sich jedes Foto nur im Zusammenhang mit der dazugehörigen Bewerbung beurteilen lässt. So sind der feine Boss-Anzug und die gegelten Haare der Bewerbung als Banker förderlich. Ein Bauingenieur dagegen sollte auch über sein Foto ausstrahlen, dass er sich nicht zu schade ist, den Tag mit dem Bauhelm auf dem Kopf zu verbringen. Frauen, die sich als Bürokraft bewerben, dürfen sympathisch, natürlich und auch gerne weiblich daherkommen. Bewerberinnen, die eine Führungsposition anstreben, sollten dagegen – auch dies das Ergebnis einer Untersuchung – lieber sachlich und leicht maskulin auftreten. Das gilt auch für Chefsekretärinnen: Wenn das Foto die resolute Persönlichkeit vermuten lässt, die in dieser Stellung immer gebraucht wird, erhöht das klar die Bewerbungschancen.

//Fotos nur vom Spezialisten

Der Aufwand und die Investition in ein gutes Bewerbungsfoto lohnen sich also in jedem Fall. Suchen sich einen darauf spezialisierten Fotografen aus – die beste Empfehlung ist immer noch Hörensagen.

Tipps für den richtigen Fotografen

- Ein guter Fotograf fragt Sie nach Ihrem Beruf und der Branche, in der Sie tätig sind.
- Er spricht mit Ihnen unterschiedliche Szenarien durch, bevor er Sie ins Studio schickt. Oder er fotografiert an einer Büro-Location.
- Er fertigt eine Auswahl an ganz unterschiedlichen Fotos an.
- Er bittet Sie verschiedene Oberteile mitzunehmen.
- Er betont Ihren Typ und hebt Ihre Vorzüge optisch hervor.
- Er gibt Empfehlungen.

Tipps für das Foto

- Schwarzweißfotos wirken meist edler als farbige. Oft sehen die Abgebildeten darauf auch besser aus, da beispielsweise Hautunreinheiten nahezu komplett verschwinden.
- Neben dem klassischen Format 4,5 x 6 cm haben sich weitere etabliert: Sehr modern ist beispielsweise das Breitbandformat. Absolut im Trend liegt auch ein Anschnitt, bei dem Ihr fotografierter Kopf für das Bildformat zurechtgeschnitten wird.

- Auch monochrome Gestaltungen sind angesagt; aber sie sind mit Vorsicht zu genießen, da diese Fotos sehr auffällig sind. Ihr Bild wird dabei komplett in eine Farbe getaucht, etwa blau oder braun.
- Achten Sie auf einen Hintergrund, der zu Ihnen passt. Jeder Mensch harmoniert mit speziellen Farben, die die Haut und das Gesicht frischer erscheinen lassen. Ein guter Fotograf sollte das sofort erkennen.
- Fertigen Sie verschiedene Varianten von Fotos an, falls Sie sich in unterschiedlichen Branchen bewerben.
- Wählen Sie für die Postbewerbung einen Original-Abzug und keinen digitalen Ausdruck – es sei denn, das Studio fertigt Topabzüge.
- Befestigen Sie Ihr Foto mit Klebeband oder Klebestift.
- Für die E-Mail-Bewerbung fügen Sie das Foto in den Lebenslauf ein. Versenden Sie es nicht extra als Datei.

Tipps für den richtigen Gesichtsausdruck

- Lächeln Sie freundlich.
- Zeigen Sie Ihre schöne Seite. Das ist die Seite, auf der Mundwinkel und Augen weiter auseinander liegen. Jeder hat so eine schöne(re) Seite.
- Blicken Sie ins Blatt hinein, nicht hinaus.
- Schauen Sie den Betrachter direkt an.
- Falls Sie das Foto mittig auf ein Deckblatt kleben möchten, schauen Sie den Betrachter am besten direkt an.

Tipps für Ihr Outfit

- Tragen Sie dezente Farben und keine oder nur sehr unauffällige Muster.
- Als Frau: Verzichten Sie auf auffälligen Schmuck und schminken Sie sich nur dezent.
- Tragen Sie als Frau etwas Hochgeschlossenes.
- Vermeiden Sie zu starke Kontraste in der Kleidung, die von Ihrem Gesicht ablenken.
- Tragen Sie als Mann einen Anzug mit Krawatte, wenn Sie sich als Angestellter in einer konservativen Branche vorstellen.
- Tragen Sie als Mann ein Hemd mit Jackett ohne Krawatte, wenn Sie im Job auch mal mit anpacken müssen.

//Bewerbungsfotos – gute Beispiele

Gute Bewerbungsfotos sind Porträtfotos: Sie stellen Ihre charakteristischen Gesichts- und Wesenszüge heraus und berücksichtigen bei der Inszenierung Ihr Bewerbungsvorhaben. Gute Bewerbungsfotos – wie diese Beispiele von den Berliner Hoffotografen – passen zu Ihnen UND zum potenziellen neuen Unternehmen.

Zeugnisse – gehören immer dazu!

► Zu einer klassischen Bewerbungsmappe per Post gehören Zeugnisse – Arbeitszeugnisse, Ausbildungsabschlüsse und andere Qualifikationsnachweise. Die Liste Ihrer Zeugnisse muss dabei nicht unbedingt vollständig sein. Sehr alte (mehr als zehn bis zwanzig Jahre, abhängig von Ihrem eigenen Alter) Dokumente können Sie weglassen – es sei denn, Sie dokumentieren Ihre berufliche Entwicklung.

//Zeugnisse als Eignungsnachweise für den gewünschten Job

Wichtig sind Ihre letzten Zeugnisse sowie alles, was Ihre Eignung für den entsprechenden Job unterstreicht. Dies können beispielsweise auch Zertifizierungen – etwa im Bereich Qualitätsmanagement, Software oder Netzwerke – leisten. Legen Sie die Zeugnisse in der gleichen Reihenfolge in Ihre Mappe, wie Sie Ihren Lebenslauf strukturiert haben – also rückwärts oder vorwärts chronologisch.

Haben Sie noch die Möglichkeit, auf ein aktuell zu erstellendes Zeugnis, etwa von Ihrem aktuellen Unternehmen, einzuwirken, nehmen Sie diese wahr. Schlechte Bewertungen in zentralen Positionen begleiten Sie ein Leben lang!

b@w Kriterien des Arbeitszeugnisses

► Ein Arbeitszeugnis ist eine typisch deutsche Verhaltens- und Leistungsbeurteilung. Dabei ist das »german Zeugnis« in der ganzen Welt berüchtigt, weil andere Länder es so nicht kennen. Der Grund für die Besonderheit des Zeugnisses liegt in einer Gesetzesbestimmung: Laut Bürgerlichem Gesetzbuch (BGB) darf ein Zeugnis keine negativen Aussagen enthalten.

Da Arbeitgeber sich trotzdem gerne untereinander auch mit einer kritischen Wertung des Arbeitnehmers verständigen, ist eine Art Code entstanden, den nicht mehr jeder auf Anhieb versteht und der auch viel Raum für Missverständnisse gibt. Nicht nur Bewerber verstehen die Zeugnisse nicht mehr richtig, auch Arbeitgeber haben Interpretationsschwierigkeiten. Viele schreiben deshalb unabsichtlich missverständliche Dinge in ein Arbeitszeugnis, weil Sie mit den Details der Zeugnissprache gar nicht vertraut sind.

Tipp: Code-Verzicht. Ihr Zeugnis soll nicht mit der Geheimcodesprache verschlüsselt und interpretiert werden? Dann lassen Sie folgende Formulierung vor dem Schlusssatz in das Zeugnis setzen: »Dieses Zeugnis enthält keine verschlüsselten Formulierungen (§ 113 Abs. 3 GewO).«

//Einfache und qualifizierte Zeugnisse

Das Gesetz kennt einfache und qualifizierte Arbeitszeugnisse. Als Fach- und Führungskraft haben Sie Anspruch auf ein qualifiziertes Arbeitszeugnis.

Dieses besteht aus:
- Besonders hervorzuhebenden Leistungen
- Stärken in Bezug auf die Ausübung Ihrer Tätigkeit
- Persönlichen Charakteristika
- Erfolgreich abgeschlossenen Projekten
- Gründe für die Beendigung des Arbeitsverhältnisses. Bei Aufhebungsverträgen einigen Sie sich mit Ihrem Arbeitgeber auf eine Formulierung im gegenseitigen Einverständnis. Sind Sie gekündigt worden, sollten »betriebsbedingte« Gründe angeführt werden.

- Geben Sie die Gründe für die Erstellung des Zeugnisses an, zum Beispiel den Wechsel in einen anderen Unternehmensbereich.
- Einer zukunftsweisenden Abschiedsformel (»zu unserem Bedauern ... für die Zukunft wünschen wir ...«). Wichtig ist an dieser Stelle, dass Ihr Arbeitgeber Ihnen privat und beruflich alles Gute wünscht!

Tipp zur Verständlichkeit des Zeugnisses

In jedem Betrieb bürgern sich eigene Begriffe für Positionen und Tätigkeiten ein, die kein Außenstehender versteht. Drängen Sie darauf, dass Ihr Zeugnis eine Sprache spricht, die andere Arbeitgeber auch verstehen können. Alternativ können Begriffe in Klammern übersetzt werden (»entspricht dem Status eines Senior-Produktmanagers«).

Der Gesamteindruck muss stimmen!

► Eine einzige zweifelhafte oder ungeschickte Formulierung bedeutet noch lange nicht, dass Ihnen der Arbeitgeber eine Falle stellen wollte. Entscheidend ist das, was beim Lesen des Zeugnisses insgesamt rüberkommt. Achten Sie zudem auf die zusammenfassende Beurteilung (siehe Tabelle). Wichtig ist, dass alle wesentlichen Aspekte berücksichtigt sind!

//Zeugnisse betrachten unterschiedliche Aspekte

Dabei muss und sollte ein Zeugnis keine vollständige Beschreibung Ihrer Aufgaben beinhalten. Seine Aufgabe ist es vielmehr, Sie unter unterschiedlichen Aspekten zu beurteilen. Gehen Sie einmal folgenden Fragenkatalog durch und überprüfen Sie Ihre Zeugnisse mithilfe dieser Liste auf Vollständigkeit.

- Wie ausgeprägt ist Ihr Fachwissen?
- Wie können Sie hier Fachwissen in die Praxis transferieren?
- Was ist zu Ihrem Engagement und Ihrer Aktivität zu sagen?
- Haben Sie Fleiß und Sorgfalt an den Tag gelegt?
- Wie ist Ihre Arbeitsweise zu beurteilen?
- Welche (besonderen) Leistungen haben Sie erbracht?
- Was ist zu Ihrem Auftreten und Verhalten allgemein zu sagen?
- Wie gestaltete sich die Zusammenarbeit mit den Kollegen?
- Wie wird Ihr Führungsverhalten beurteilt und Ihr Führungsstil eingeschätzt?

Wenn Sie sich als Bewerber auf die Aussagen des Zeugnisses berufen, so tun Sie dies nicht »sklavisch«. Übersetzen Sie Bezeichnungen und machen Sie sie allgemein verständlich und menschlicher. Es spricht auch überhaupt nichts dagegen, Aspekte aufzuführen, die in Ihrem Zeugnis gar nicht erwähnt sind.

Typische Abschlussbeurteilungen und Fallen   b@w

► Typische Abschlussformulierungen können Sie in Schulnoten übersetzen – wenn Sie den Code kennen:

Formulierung	Note	Synonyme
Stets zu unserer vollsten Zufriedenheit	Ein »sehr gut« in jeder Beziehung	Stets außerordentlich zufrieden/Erwartungen immer und in allerbester Weise erfüllt
Stets zu unserer vollen Zufriedenheit	Ein »gut plus«	Mit den Leistungen stets zufrieden

Formulierung	Note	Synonyme
Zu unserer vollsten Zufriedenheit	Immer noch »gut«, Richtung »befriedigend«	Leistungen stets zufriedenstellend
Zu unserer vollen Zufriedenheit	Auch »gut«, aber deutlich Richtung »befriedigend«	Hat unseren Erwartungen in jeder Hinsicht entsprochen

//Die größten versteckten Fallen

Und dann gibt es noch eine Reihe von unschuldig wirkenden Formulierungen, die Sie kennen sollten. In »Personaler-Sprache« bedeuten diese nämlich Folgendes:

Formulierung	Auslegung
Er bewies stets Einfühlungsvermögen für die Belange der Belegschaft.	Der Schuft hatte Sexkontakte.
Er war ein gewissenhafter Arbeiter.	Zwar da, wenn man ihn brauchte, aber sonst auch untauglich.
Er galt als toleranter Mitarbeiter.	Er kam mit den Kollegen nicht zurecht.
Sein Verhalten gegenüber Mitarbeitern und Vorgesetzten war vorbildlich.	Er hatte ein Problem mit dem Chef (Vorgesetzte müssen andernfalls stets an erster Stelle genannt werden).

Formulierung	Auslegung
Er hat alle Aufgaben ordnungsgemäß erfüllt.	Ein grauenvoller Bürokrat.
Er verfügte über Fachwissen.	Eine Null.
Er bemühte sich die Mitarbeiter zu motivieren.	... das schaffte er aber nicht.
Sie hat die Aufgaben stets mit Fleiß und Sorgfalt ausgefüllt.	... sonst hatte die Dame allerdings nichts auf dem Kasten.
Wegen seiner Pünktlichkeit war er stets ein gutes Vorbild.	In anderer Beziehung jedoch nicht.
Die guten privaten Wünsche am Ende des Zeugnisses werden weggelassen.	Dies signalisiert, dass die Firma froh ist, den Mitarbeiter los zu sein.

Jetzt haben Sie also alle Unterlagen und Dokumente beisammen. Und wie gelangen diese jetzt am besten zum Wunsch-Arbeitgeber? Dazu das nächste Kapitel.

► Die richtige Form: von Mappe bis Internet

Prinzipiell gibt es drei Möglichkeiten, eine Bewerbung zum Adressaten zu befördern: per Post, per Mail und per Online-Formular. Dies bieten immer mehr Unternehmen auf ihrer Homepage an, um von unterschiedlichen Bewerbern vergleichbare Informationen abzufordern und die Bewerbungsflut einzudämmen.

Die klassische Bewerbungsmappe

► Über die richtige Verpackung zerbrechen sich viele Bewerber länger den Kopf als über die Inhalte des Lebenslaufs. Dabei ist die Mappe wirklich nicht das Wichtigste.

Planen Sie erst die Unterlagen und wählen Sie dann die passende Mappe aus. Der Handel präsentiert eine stetig wachsende Zahl an Bewerbungshüllen. Da gibt es Klarsicht, Pappe, bunt und einfarbig, verschnörkelt und schlicht.

Achten Sie darauf, dass Sie mit der Mappe das richtige Signal setzen. Einer Bewerbung in der Marketingabteilung von Opel steht eine opelgelbe, der Bewerbung bei der Telekom eine grau-pinke Mappe gut zu Gesicht – so lange nicht auch andere Bewerber auf diese Idee kommen und die Idee dadurch abgenutzt wird.

//Zurückhaltend und branchenangepasst

In den meisten Branchen sind gedeckte und zurückhaltende Farben angebracht:

- Dunkelblau
- Mittelblau
- Weinrot
- Sattes Dunkelrot
- Weiß
- Beige

Grau wirkt oft trist und Schwarz ist außer in der Werbung und im Bereich Architektur verpönt.

Das Material ist fast eine Glaubens-, in jedem Fall eine Geschmacksfrage: Sehr schön wirkt ein Naturpapier mit leicht strukturierter Oberfläche. Plastik ist nicht jedermanns Sache – aber auch längst nicht jedermanns »Problem«.

Bei der Mehrzahl der Personaler kommen dreiteilige Mappen schlecht an. Das hat einen ganz einfachen praktischen Grund: Solche Mappen sind unhandlich und belegen gleich den ganzen Tisch. Finger weg!

Auch tabu:
- Schnellhefter, da Bewerbungen fast immer kopiert und im Haus herumgereicht werden. Löcher hinterlassen hässliche schwarze Flecken auf dem Blatt.
- Klarsichthüllen für jedes Blatt: beim Kopieren eine Heidenarbeit; da ärgert sich der Chef.
- Secondhandmappen: Sie müssen sich den Sparzwang nicht gleich so deutlich anmerken lassen.

Die richtige Reihenfolge der Dokumente

Das Bewerbungsanschreiben legen Sie locker auf die Bewerbung oder in die Mappe ein. Heften Sie es nicht ein. Dieses Blatt ist üblicherweise das einzige, das die Personalabteilung von Ihnen zurückbehält. Der Rest der Mappe geht im Haus herum – oder sollte es zumindest. Und den erhalten Sie auch zurück, für den Fall, dass Sie nicht zum Bewerbungsgespräch eingeladen werden. Auf dem Anschreiben macht sich der Bearbeiter oft auch Notizen. Es wäre für ihn ein Zusatzaufwand, das Schreiben erst einmal vom Rest der Mappe zu lösen.

Dann folgen der Lebenslauf und eine »dritte Seite« oder ein Qualifikationsprofil. Die Zeugnisse werden in der Chronologie des Lebenslaufes geordnet, also rückwärts oder vorwärts. Wenn Sie Berufserfahrung besitzen, kommen Arbeitszeugnisse vor Qualifikationsnachweisen und Abschlüssen. Praktikumsnachweise aus der Zeit des Studiums können Sie hinter das Abschlusszeugnis einordnen.

Ein Anlagenverzeichnis empfiehlt sich immer dann, wenn Sie sehr viele Dokumente beilegen. Die Frage dabei ist, ob Sie wirklich alle brauchen. Nachweise von 1-Tages-Seminaren oder VHS-Kursen beispielsweise sind häufig überflüssig.

Tipp: Die Dramaturgie der Mappe. Die Bewerbungsmappe darf eine eigene Dramaturgie aufweisen. Hier kann es auch Sinn machen, von der normalen Ordnung abzuweichen. Beispiel: Die Mappe eines Produktmanagers beginnt mit einem Pressetext zu seiner erfolgreichsten Neueinführung. Auf der nächsten Seite stellt er sich als Verantwortlichen vor, dann kommt der Lebenslauf (mehr zu mir).

Anbieter von Bewerbungsmappen im Internet
- www.bewerbungsmappen.de
- www.mappendirekt.de
- www.bewerbungspartner.de
- www.mappenhaus.de

Die E-Mail-Bewerbung als Alternative?　　b@w

► Wenn Sie eine E-Mail-Bewerbung verschicken, versenden Sie Ihre Unterlagen über das Internet. Inhaltlich unterscheidet sich diese Bewerbung bis auf ein paar Kleinigkeiten nicht wesentlich von der klassischen Bewerbungsmappe.

Diese Kleinigkeiten sind schnell aufgezählt:

● So sollte der Text des E-Mail-Anschreibens (also der Text in der E-Mail selbst) nicht länger sein als eine Bildschirmseite.

● Ein Datum im E-Mail-Text ist nicht nötig; die Absenderadresse steht unter der Mail und heißt Signatur.

● Manche Unternehmen wünschen sich zusätzlich zu einem Kurzanschreiben in der E-Mail selbst ein klassisches Anschreiben als PDF (ein Dateiformat, mehr dazu auf Seite 124).

● Zeugnisse verschicken Sie mit der E-Mail nur auf Anfrage.

Der E-Mail-Lebenslauf entspricht der klassischen Vita. Da es keinen wesentlichen Unterschied gibt, sollten Sie bei der E-Mail-Bewerbung genau die gleiche Sorgfalt an den Tag legen wie bei einer traditionellen Bewerbung. Daran halten sich viele Bewerber aber nicht und so finden sich in E-Mail-Bewerbungen generell mehr Fehler und sonstige Nachlässigkeiten.

Die beste Verpackung für die E-Mail-Bewerbung

E-Mail-Bewerbungen sind deshalb so praktisch, weil sie eine schnelle und kostengünstige Bewerbungsform darstellen. Sie haben aber auch ein paar Nachteile. Nur 25 Prozent aller E-Mail-Bewerbungen werden überhaupt geöffnet – dies ist eine Schätzung aus den USA. Bei uns dürfte es nicht viel anders sein. Die Gründe dafür sind vielfältig. Ein wesentlicher ist der Frust mit so genannten

»Spams«. Das sind überflüssige (Werbe-)E-Mails, die die Mailkonten verstopfen. Je mehr unerwünschte E-Mails im Postfach eines Personalers oder einer Führungskraft landen, desto eher werden auch »harmlose« elektronische Briefe als Spam rausgeschmissen.

Und: Während Sie sich beim Postversand nur in der Briefmarke irren können, können Ihnen bei einer E-Mail allerlei technische Fehler unterlaufen. Die Folge: Die E-Mail kommt nicht an oder nicht so, wie Sie sie geschickt haben.

Fassen wir noch einmal alle Punkte zusammen, die Sie bei der E-Mail-Bewerbung beachten sollten:

- Versenden Sie E-Mail-Bewerbungen nur auf expliziten Wunsch und wenn Sie die direkte E-Mail-Adresse des Ansprechpartners kennen.
- Ideale Verpackung für E-Bewerbungen sind PDF-Dateien. Finger weg von MS Word (Format .doc), es sei denn, der Ansprechpartner möchte doc-Dateien. Bei doc-Dateien (ebenso MS Excel) herrscht Virengefahr. Unter Umständen geeignet sind RTF-Dateien (Rich Text Format), da diese Text und Layout speichern, aber keine Viren transportieren können.
- Mein Tipp: Verwandeln Sie Ihre Dateien mit dem Adobe Acrobat Distiller/Writer in so genannte PDF-Dateien.
  - In PDF-Dateien können Sie Ihr Anschreiben und Ihren Lebenslauf komplett formatiert abspeichern.
  - Das Bild können Sie gleich im Lebenslauf speichern.
  - Die Bewerbung kann nicht vom Empfänger absichtlich oder versehentlich verändert werden (was bei Word-Dokumenten der Fall ist).
  - Die Bewerbung ist eins zu eins ausdruckbar.
  - Fast jedes Unternehmen besitzt den kostenlosen PDF-Reader.
  - Das PDF-Format ist plattformübergreifend, eignet sich also für den Macintosh- und den Windows-PC.
  - PDFs sind virensicher
- Achten Sie darauf, dass der Anhang kleiner als ein Megabyte ist. Größere Dateien sollten Sie nur auf Anfrage verschicken.

- Versenden Sie den Text der E-Mail im so genannten Nur-Text-Format (plain text), nicht als HTML (Einstellung im E-Mail-Programm). Manche E-Mail-Programme können (und wollen) HTML nicht lesen.
- Achten Sie auf eine aussagekräftige Betreffzeile (»Subject«), andernfalls besteht die Gefahr, dass Sie aussortiert werden.

PDF erstellen leicht gemacht

Das Programm Acrobat Distiller/Writer ist mit rund 300 Euro recht teuer. Eine preiswerte Alternative bietet beispielsweise der PDF Mailer unter www.pdfmailer.de. Nutzen Sie jedoch keine Promo-tion-Versionen. Hier wird in die Bewerbung eine Werbezeile eingedruckt, die in einem so offiziellen Schreiben mehr als unpassend ist.

Weitere Anbieter:
- http://shop.pdf-office.com
- www.broadgun.de
- www.pdfdrucker.de
- www.fineprint.com

Beispiele für ein E-Mail-Anschreiben, das auf den Anhang verweist

1. Bewerbung nach einem persönlichen Telefonat

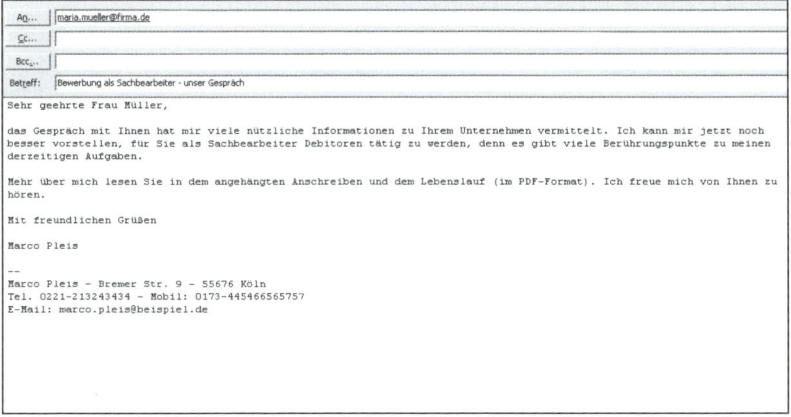

An... | maria.mueller@firma.de
Cc... |
Bcc... |
Betreff: | Bewerbung als Sachbearbeiter - unser Gespräch

Sehr geehrte Frau Müller,

das Gespräch mit Ihnen hat mir viele nützliche Informationen zu Ihrem Unternehmen vermittelt. Ich kann mir jetzt noch besser vorstellen, für Sie als Sachbearbeiter Debitoren tätig zu werden, denn es gibt viele Berührungspunkte zu meinen derzeitigen Aufgaben.

Mehr über mich lesen Sie in dem angehängten Anschreiben und dem Lebenslauf (im PDF-Format). Ich freue mich von Ihnen zu hören.

Mit freundlichen Grüßen

Marco Pleis

--
Marco Pleis - Bremer Str. 9 - 55676 Köln
Tel. 0221-213243434 - Mobil: 0173-445466565757
E-Mail: marco.pleis@beispiel.de

2. E-Mail ohne vorheriges Gespräch

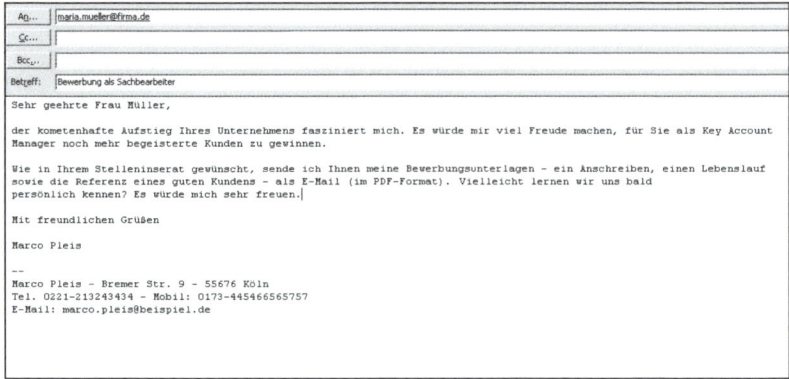

Was Bewerber bei der E-Mail-Bewerbung häufig falsch machen

- Bunte E-Mails
- Hintergründe in der E-Mail
- Nickname als Absender (»huendchen«, »gmx789«)
- Name und Vorname sind in der E-Mail-Adresse nicht genannt
- Kein Betreff
- Betreff ohne Aussage
- Zu große Anhänge
- Werbung in der Mail (bei Sendung über GMX oder Web.de Freemail)
- Keine Signatur (Kontaktdaten)
- Zeilenumbruch nach mehr als 76 Zeichen
- Eine Empfangsbestätigung (bei Outlook)

Die Bewerbung über ein Online-Formular

► Gerade größere Firmen bieten auf Ihren Webseiten häufig ein so genanntes Online-Bewerbungsformular oder gar eine komplexe Bewerbungssoftware an. Beides dient in der Regel zur Vorauswahl von Bewerbern. Das bedeutet: Ist der Bewerber interessant, wird er aufgefordert, seine kompletten Unterlagen nachzureichen. Einige Unternehmen laden Bewerber aber auch schon nach der eingereichten Online-Bewerbung ein. Nachteil der Online-Bewerbung: Die Bewerbung lässt sich kaum individuell gestalten. Die Gefahr, durch ein vorgegebenes Raster zu fallen, ist groß.

Softwares zur Vorauswahl sind nicht fehlerlos

Oft steuern Unternehmen Ihre Bewerber-Vorauswahl mittels einer Software, die die ersten groben »Filterungen« vornimmt. Ein Personalsachbearbeiter siebt dann nach weiteren vorgegebenen Kriterien. Wer keine vollständigen Angaben gemacht hat, fällt somit raus. Oft auch einfach durch ein Missverständnis: Für bestimmte Techniken und Ausbildungen gibt es Synonyme, die eine Software nicht zwangsläufig kennt. Auch ein nicht fachlich versierter Personalsachbearbeiter kann nicht allzu weit über den eigenen Tellerrand denken. Woher soll er etwa wissen, dass die Kenntnis von C# (C Sharp) mit der Kenntnis der Programmiersprache C++ gleichzusetzen ist – wenn ihm das niemand gesagt hat?

Tipp: Wenn irgend möglich, sollten Sie sich deshalb auf anderem Weg bei Ihrem Wunschunternehmen vorstellen und auf die Bewerbung über ein solches Formular verzichten.

Wenn Sie nicht darum herumkommen, weil das Unternehmen partout eine Online-Bewerbung will, sollten Sie darauf achten, vollständige Angaben zu machen. Sie sollten zudem in Stichwörtern denken. Welche beschreiben Sie am besten? Erstellen Sie eine Liste mit allen für Sie relevanten Begriffen. Entwickeln Sie aus diesen Stichwörtern ein Profil. Denken Sie dabei vor allem auch an den Computer: Er kann nicht denken und sucht nur nach dem, was ihm Menschen »antrainiert« haben. Je mehr Stichwörter Sie einspeisen, desto höher die Wahrscheinlichkeit, dass etwas Passendes dabei ist.

Fast alle Formulare haben ein Freifeld für Ihre Kurzdarstellung. Hier ist der richtige Ort dafür. Rahmen Sie Ihren Text ruhig mit einer kurzen Begrüßung und einer Grußformel ein, das wirkt höflicher als ein losgelöster Text.

Beispiel: Stichwörter für den elektronischen Lebenslauf
- Redakteurin, Online-Redakteurin, PR-Redakteurin, Content-Managerin
- Redaktion, Online-Redaktion, Tageszeitung
- 33 Jahre
- Studium Anglistik, Germanistik, Geschichte
- HTML, JavaScript
- Content-Management-Systeme, Imperia
- Volontariat, PR-Praktikum
- Berufserfahrung
- Verlag, Agentur

Kurzbeschreibung mit allen Stichwörtern:
Sehr geehrte Damen und Herren, als erfahrene Online-Redakteurin, 33 Jahre, stelle ich mich Ihnen vor:
- Abschluss als Magister (Anglistik, Germanistik, Geschichte),
- fünf Jahre Berufserfahrung in Online-Redaktion,
- klassisches Volontariat in der Redaktion einer Tageszeitung.

Ich beherrsche die klassischen Content-Management-Systeme (z. B. Imperia) und die Grundlagen von HTML sowie JavaScript.

Mit freundlichen Grüßen
Marita Bock

Lesen Sie die Gedanken des Entscheiders

► Nun haben Sie alle Unterlagen erstellt. Versetzen Sie sich jetzt einmal in die Lage des Personalers, des Fachverantwortlichen oder des Geschäftsführers. Eben desjenigen, der sie einstellt – oder auch nicht.

Lehnen Sie sich zurück, schließen Sie die Augen. Sehen Sie diesen Berg, die 300 Bewerbungen auf Ihre Stellenausschreibung? Die haben Sie schon vorsortieren lassen. Nur 80 Bewerbungen waren fehlerlos und ordentlich formatiert. Und bei nur 30 Bewerbungen – zehn Prozent – stimmten auch die Fakten zu hundert Prozent mit Ihren Soll-Anforderungen überein:

● BWL-Studium mit Marketing-Schwerpunkt
● Verhandlungssicheres Englisch
● Auslandserfahrung USA oder Großbritannien
● Zwei bis drei Jahre Berufserfahrung als Produktmanager oder Junior-Produktmanager

//Branchenkenntnis: das wichtigste Unterscheidungsmerkmal

Was nun? Sie werden die 30 Bewerbungen nach weiteren Fakten durchsuchen. Ihr Unternehmen produziert Schokoriegel, bewegt sich also in der Branche »Fast Moving Consumer Goods«. Das sind schnell drehende Produkte – unter anderem Lebensmittel –, die vom Handel an den Endverbraucher vertrieben werden. Es wäre gut, einen Mitarbeiter zu haben, der sich in dieser Branche auskennt. Deshalb haben Sie ja auch geschrieben: »Idealerweise Kenntnisse im Bereich FCMG«.

Ihr Schreibtisch lichtet sich. Fünf Kandidaten bringen diese Voraussetzungen mit. Sie sind begeistert: Ist vielleicht auch jemand darunter, der bereits mit Schokoriegeln zu tun hatten? Der vorher beim Marktführer gearbeitet hat? Leider nein.

Aber da ist jemand, der war für das Produktmanagement eines Müsliriegels zuständig. Ein anderer hatte mit Schokoladenbonbons zu tun. Sie schreiben »Einladen« auf die »Bewerbungsmappe«. Die beiden Bewerber sind Ihre Topkandidaten. Sie möchten aber gerne fünf Kandidaten sehen und erleben.

Sie schauen weiter:

- Wie alt ist der Bewerber?
- Mit welcher Note hat er sein Studium beendet?
- Kann er neben Englisch auch noch eine oder sogar mehrere weitere Sprachen?
- Wie wirkt er auf dem Foto?

Sie entscheiden sich drittens für eine junge Dame, die besonders freundlich lächelt. Und da war dann noch dieser junge Mann, der zwar keine Topnoten, aber schon so viel Marketing-Erfahrung neben dem Studium gesammelt hatte. Interessant auch der Kandidat, der vier Sprachen fließend spricht, darunter eine osteuropäische. Das passt zu den Expansionsplänen Ihres Unternehmens. Ihre Sekretärin schickt fünf Einladungsschreiben raus.

//Personalauswahl: je höher, je stärker faktenorientiert

Genau so funktioniert Personalauswahl. Dabei gibt es eine klare Tendenz: Je anspruchsvoller die Tätigkeit, desto faktenorientierter ist die Bewerberauswahl. Einen 80.000-Euro-Kandidaten stellt niemand nach Gefühl ein und weil er oder sie so nett lächelt.

Bei Toppositionen entscheiden in erster Linie Fakten. Je größer das Unternehmen, umso professionalisierter seine Auswahl. Es kann sich keine Fehler leisten.

Bei kleineren Unternehmen ist die Bewerberauswahl meist individueller. Aber auch hier wird der Chef keinen KFZ-Mechaniker einstellen, wenn er einen Fachinformatiker sucht.

Aber punkten können Sie bei beiden: durch Sympathie beim Vorstellungsgespräch.

➤ So wird das Vorstellungsgespräch zum Erfolg

Da ist es! Das Schreiben mit der Terminbestätigung. Noch ein paar Wochen oder wenige Tage heißt es nun warten – während Ihnen einige Fragen durch den Kopf schießen:

- Wie viele andere Bewerber werden wohl noch eingeladen worden sein?
- Wer wird mein Gesprächspartner sein?
- Wie stopfe ich die Lücken im Lebenslauf mit schlauen Argumenten?
- Mit welchen Fragen muss ich rechnen?
- Ob ich wohl die richtigen Antworten gebe?
- Wie verkaufe ich mich optimal?
- Wie kann ich mich richtig gut vorbereiten?

Die »inneren Fragen« der Vorbereitungsphase

➤ Die erste der oben aufgelisteten Fragen lässt sich kaum pauschal beantworten. Manche Unternehmen laden direkt zehn Bewerber zum Gespräch, andere nur drei. Haben Sie sich initiativ beworben, sind Sie vielleicht sogar außer Konkurrenz.

Zu Frage zwei: Ihre Gesprächspartner sollten in der Terminbestätigung allesamt genannt sein. Falls hier keine Namen fallen, fragen Sie freundlich nach, mit wem Sie rechen können und welche Position diese Person im Unternehmen einnimmt.

Antworten auf die anderen Fragen lesen Sie in den folgenden Abschnitten.

Umgang mit Lücken und Schönheitsfehlern

»Ich hab's geschafft, ich hab's geschafft!«, ruft Paula. »Aber was sage ich denn nur, wenn mich der Personaler fragt, was ich in den sechs Monaten zwischen Studium und erstem Job gemacht habe?«

► Freuen Sie sich erst einmal über den Termin zum Vorstellungsgespräch! Fast jeder Bewerber hat eine kleine oder große Lücke, einen kleinen oder großen »Makel« im Lebenslauf. Sie stehen mit Sicherheit nicht alleine da. Die perfekten Bewerber mit den Einser-Noten, Toppraktika und Schnellstudium sind und bleiben Ausnahmen – auch wenn das Ausbildungsniveau insgesamt wächst. Sie wären nicht eingeladen worden, wenn Sie für das Unternehmen nicht interessant genug wären.

Gehen Sie offensiv und positiv mit Lücken um. Stehen Sie zu längeren Auslandsaufenthalten (wichtig für Ihre »interkulturelle Erfahrung«), zu Erwerbslosigkeit (»Zeit für Weiterbildungen genutzt«) oder Erziehungsurlaub (»wichtige zwischenmenschliche Fähigkeiten dazugelernt und Organisationsgeschick trainiert«).

//Die kleine und die große Runde

Gehen Sie davon aus, dass Sie im Vorstellungsgespräch mehr als einer Person gegenübersitzen werden. Typisch ist die Kombination Fachverantwortlicher und Personaler im ersten Vorstellungsgespräch. Zum zweiten Vorstellungsgespräch, bei Fachkräften üblich, kommt meist der nächsthöhere Vorgesetzte dazu, also der Chef Ihres künftigen Chefs. Möglich, dass sich die Runde sogar noch weiter vergrößert: etwa um einen Kollegen, dessen Arbeit zu Ihrer Arbeit in enger Beziehung steht.

Manchmal finden solche Gespräche am runden Tisch, bisweilen aber auch mit den unterschiedlichen Gesprächspartnern hintereinander gestaffelt statt. Dann haben Sie an einem Nachmittag vielleicht drei bis fünf Termine, müssen drei- bis fünfmal mehr oder weniger dasselbe erzählen. Das ist Stress für Sie, ermöglicht es den Entscheidern aber, sehr persönliche und individuelle Gespräche mit Ihnen zu führen. Jeder gewinnt unabhängig von anderen seinen eigenen Eindruck.

//Mehrere Gesprächsrunden sind normal

Nicht selten kommt es heutzutage zu mehr als zwei Vorstellungsgesprächen. Manch Bewerber berichtet von sechs Durchläufen. Wenn ein Unternehmen so lange für seine Entscheidung braucht, spricht das aber dafür, dass das Profil der Stelle noch relativ fließend und darüber hinaus vielleicht einiges im Unklaren ist. Akzeptieren Sie das und bieten Sie auch von sich aus Gespräche an, die offene Fragen klären.

Das Vorstellungsgespräch – jetzt geht's los

► Das typische Vorstellungsgespräch gliedert sich in mehrere Teile. Es beginnt mit dem Smalltalk. Hier geht es darum, erst einmal eine angenehme Atmosphäre zu schaffen und sich gegenseitig zu »beschnuppern«. Nutzen Sie die Gelegenheit, denn in den ersten Minuten entscheidet sich, ob Sie sich sympathisch sind oder nicht. Oder, um es auf Englisch zu sagen: »You never get a second chance for a first impression.« (Sie bekommen keine zweite Chance für den ersten Eindruck.)

//Jetzt sind Sie dran!

Nach dem Smalltalk konzentriert sich die Runde vermutlich erst einmal auf Sie. Sehr wahrscheinlich werden Sie aufgefordert, von sich zu erzählen. Danach stellen Ihnen Ihre Gesprächspartner gezielte Fragen zu Ihrem Lebenslauf, der fachlichen Qualifikation, der letzten Position und versuchen auch, einen Eindruck von Ihrer Persönlichkeit zu gewinnen.

Zuletzt berichtet das Unternehmen aus seiner Perspektive, stellt die offene Position vor und lüftet vielleicht auch eigene Pläne. Üblich ist am Schluss eine Aufforderung an Sie, Ihre Fragen zu Unternehmen und Position zu stellen.

Dieser Ablauf kann variieren. Er wird umso mehr festgelegt sein, je größer das Unternehmen ist und je mehr »ausgebildete Personaler« am Tisch sitzen. Allerdings werden Sie auch sehr häufig auf ganz normale Dialoge ohne klaren Ablauf in Ihren Vorstellungsgesprächen stoßen.

Die typischen Fragen   b@w

► Kaum ein Vorstellungsgespräch ohne mindestens eine typische Frage:

- Erzählen Sie doch mal von sich.
- Wo sehen Sie sich in fünf Jahren?
- Was sind Ihre größten Stärken?
- Was sind Ihre größten Schwächen?
- Nennen Sie Ihren größten Erfolg!
- Was war Ihr größter Misserfolg?
- Welches Buch lesen Sie gerade?

Die Liste der »typischen Fragen« umfasst etwa 100 Punkte. Die oben angeführten sind die häufigsten. Weitere Fragen finden Sie im Internet-Workshop zu diesem Buch.

Sehen Sie sich die Fragen an und überlegen Sie, was Sie darauf sagen würden. Lernen Sie bloß nichts auswendig. Manche Ratgeber geben Ihnen Tipps zur Formulierung der Antworten. Diese sollten Sie mit dem nötigen Abstand betrachten und dem Wissen: Es existiert keine Regel für eine gute inhaltliche Antwort! Gute inhaltliche Antworten sind immer abhängig von der Gesprächssituation und den Persönlichkeiten der Teilnehmenden.

//Die »Antwortregeln«

Es gibt aber durchaus Regeln für die Art, wie Antworten formuliert sein müssen, damit Sie bei den meisten Menschen gut ankommen. Positiv sollten sie ausfallen, ohne Verneinungen. Vermeiden Sie Füllwörter und »man«-Satzbauten. Aktive Ausdrücke (Verben) und Wendungen sind im Gespräch wie in der Bewerbung besser als passive.

Falls Sie mit spontanen Antworten Schwierigkeiten haben, üben Sie Ihre Schlagfertigkeit. Sie können sich durch permanentes Training auch die »man«-Sprache abgewöhnen, die wie ein Schutzschild ist und Sprache verwässert. Besser als »man« ist stets das »ich«.

Beispiel: Statt »man versucht doch sein Bestes zu tun« sagen Sie »ich tue mein Bestes«. Statt »man fühlt sich in so einer Firma sicher wohl« sagen Sie: »Bei Ihnen fühlen sich Mitarbeiter wohl. Das habe ich schon bei der Begrüßung im Vorraum gemerkt.«

Zunehmend mehr Bewerber berichten, dass Ihnen keine oder nur wenige dieser typischen Fragen gestellt worden sind. Der Trend geht zum »natürlichen« Dialog mit dem gegenseitigen Interesse, sich kennen zu lernen und die Kompetenz einzuschätzen. Da sind fachliche Fragen oder Fragen zum Arbeitsstil erlaubt, die vor allem eines erfordern: eine gute inhaltliche Vorbereitung.

Von dummen Fragen und klugen Antworten

Paula sagt: »Ich war so aufgeregt vor dem Gespräch. Was ist bloß die richtige Antwort, wenn man nach seinen Schwächen gefragt wird? Darf ich sagen, dass ich manchmal etwas chaotisch bin?«

► Solange sich Paula nicht als Assistentin im Office, Sekretärin oder Buchhalterin bewirbt, geht ein bisschen Chaos für die meisten Entscheider in Ordnung. Wichtig ist es, die Aussage in einen Kontext zu stellen und nicht nur das Wort wirken zu lassen. Die Aussage »ich bin chaotisch« lässt beispielsweise zu viel Interpretationsspielraum. Sagen Sie, in welchem Zusammenhang Sie chaotisch sind und wie und wo es sich konkret auswirkt.

Beispiel: »Manchmal entwickle ich eine solche kreative Energie, dass mein Schreibtisch darunter leidet. Da können sich dann schon mal die Dokumente und Zeitungen stapeln ... Ich muss mich abends immer zum Aufräumen zwingen – aber das klappt ganz gut.«

//Authentizität und Aufrichtigkeit

Es gibt keine Pauschalregeln für kluge Antworten. Und jede konkrete Empfehlung, die man geben könnte, nutzt sich zu schnell ab. Wenn ein Unternehmen Sie einlädt, will es Sie auch kennen lernen – und nicht etwa eine Floskelmaschine. Die wichtigste Regel lautet also: Antworten Sie so, wie es Ihrem Typ entspricht. Bleiben Sie natürlich und Sie selbst. Als lockerer, selbstbewusster Mensch können Sie sich auch schon mal einen Spruch erlauben.

Beispiel: Anna hatte einen Tag vor dem Abflug zum 4-Wochen-Urlaub nach Spanien die Einladung einer bekannten Wirtschaftsprüferkanzlei erhalten. »Können wir uns nächste Woche kennen lernen?« fragte der Personalverantwortliche. »Wenn Sie nach Barcelona kommen, gerne«, so die Antwort. Diese spontane Reaktion kam so gut an, dass sofort ein Termin nach dem Urlaub vereinbart wurde. Anna bekam den Job. Der Sympathiebonus hatte vorgewirkt.

//Blockieren Sie sich nicht selbst

Doch nicht jeder Bewerber besitzt diese natürliche Schlagfertigkeit, jene Lockerheit, auf Situationen unbeschwert, aber kompetent zu reagieren.

Die meisten Bewerber sind unsicher. Schließlich will niemand eine Chance verpassen, weil er eine »dumme« Antwort gegeben hat. Die Unsicherheit führt zu einem stark kontrollierten Verhalten oder sogar zu einer Blockade. Dies wiederum verursacht Fehler oder sorgt dafür, dass Sie nicht so gut rüberkommen, wie Sie rüberkommen könnten.

Tipps für ein positives Vorstellungsgespräch

- Antworten Sie positiv und optimistisch. Vermeiden Sie umgekehrt negative Ausdrücke wie »Problem«, »nein«, »nicht«, »unmöglich« – es sei denn, der Zusammenhang zwingt Sie zu den Aussagen.
- Bauen Sie Ihre Argumentation aus der Nutzen-Perspektive des Unternehmens auf. Was bringen Sie dem Unternehmen? Warum profitiert es von Ihnen, Ihrer Persönlichkeit, Ihrer Erfahrung, Ihren Branchenkenntnissen und Ihrem Fachwissen?
- Vermeiden Sie zu stark ichbezogene Äußerungen. Beispiel: Ihre Gehaltsvorstellungen begründen Sie nicht mit dem Reihenhaus, das

Sie abbezahlen müssen, sondern mit Ihrem Fachwissen und Ihrer
Berufserfahrung.
- Reagieren Sie flexibel und situativ. Was erwartet der Gesprächspartner?
- Schwindeln Sie nicht. Sagen Sie, was Sie können – und nennen Sie
unter Umständen lieber Grenzen, als Kenntnisse vorzuspielen, die
nicht da sind. Auch die »berühmten« Schwächen sollten nachvoll-
ziehbar sein und auf echten Schwächen beruhen.
- Schaffen Sie ein angenehmes Klima, ohne dass der Gesprächspartner es merkt. Passen Sie beispielsweise Ihre Sprechweise dem
Gesprächspartner an. Spricht er schnell, sprechen Sie auch schneller. Orientieren Sie auch Ihre Körperhaltung am Gegenüber.
- In großer Runde bedenken Sie alle Teilnehmer mit einem Blick.
Lassen Sie Ihren Blick auch mal wandern. Konzentrieren Sie sich
dabei aber auf den jeweiligen Gesprächspartner.

Gut vorbereitet ist halb gewonnen   b@w

► Die Erfahrung zeigt leider: Die meisten Ihrer Mitbewerber informieren sich nicht detailliert über das Unternehmen, den Anfahrts-
weg, die Gesprächspartner. Hierin liegt Ihre Chance: Grenzen Sie
sich ab, indem Sie zeigen, dass Sie alles über Ihren vielleicht künftigen Arbeitgeber wissen.

In bestimmten Positionen ist dies nicht nur ein Sahnehäubchen,
sondern wird auch erwartet. So müssen Sie als Produktmanager
mindestens das Produktsortiment und die Marktpositionierung sowie aktuelle Werbekampagnen kennen. Als Pressesprecher oder
auch Controller sollte Ihnen wenigstens die wirtschaftliche Entwicklung vertraut sein. Recherchieren Sie nicht nur zum speziellen
Fachbereich, sondern auch über das gesamte Unternehmen, seine
Entwicklung, seine Pläne, seine Philosophie.

//Die zweite Rechercherunde: vor dem Vorstellungsgespräch

Ziehen Sie dazu alle verfügbaren Quellen heran: eine Grundlage sind beispielsweise die Internetpräsenz und Zeitungsartikel aus Archiven. Sprechen Sie, wenn möglich, auch mit ehemaligen Mitarbeitern, lassen Sie sich davon aber nicht zu sehr im negativen oder positiven Sinn beeinflussen. Sie sollten sich ein eigenes Bild machen, können aber Dinge, die Sie beunruhigen, durchaus selbst anbringen. Wenn Sie beispielsweise gehört haben, dass in diesem Unternehmen niemand länger als zwölf Monate bleibt, können Sie ein Gespräch darüber so einleiten: »Legen Sie Wert darauf, Mitarbeiter langfristig zu binden? Was sind Ihre Instrumente dazu?«

Tipps zur optimalen Vorbereitung

- Versorgen Sie sich mit Informationen zum Unternehmen wie Umsatz der letzten Jahre, Anzahl der Mitarbeiter, Geschäftsfelder, Wettbewerber und eventuell Aktienkurs.
- Nutzen Sie als Quelle die Website, Imagebroschüren und Geschäftsberichte (anfordern!).
- Tageszeitungsberichte lassen sich über die Internet-Suchmaschinen Google (Registerkarte »News«) oder Paperball recherchieren.
- Planen Sie Ihre Anreise im Detail. Falls der Termin sehr früh morgens liegt, sollten Sie einen Tag früher losfahren und übernachten.
- Als Gesprächsunterlagen bringen Sie die Stellenanzeige (falls vorhanden), Gesprächsprotokolle, eine Kopie Ihrer Bewerbung und die Einladung mit. Sie können dann während des Gespräches direkt darauf Bezug nehmen.
- Stellen Sie auf der Basis Ihrer Unterlagen Fragen zusammen, die Sie dem Unternehmen stellen wollen.
- Überlegen Sie sich, wie viel Sie als Gehalt fordern wollen, falls das Gespräch darauf kommt (oft erst im zweiten oder dritten Gespräch).

»Was soll ich nur anziehen?«

»Den schwarzen Hosenanzug oder doch lieber einen Rock? Ich kann mich einfach nicht entscheiden.«

► Schauen Sie sich in der Branche um, in der Sie sich bewerben. Es gibt überall einen ungeschriebenen Kleidungskodex. Versicherungen, Banken und Unternehmensberatungen gelten als konservativ. Hier sind Anzüge für Männer und Hosenanzüge oder Kostüme für Frauen eine gute Wahl. Wählen Sie gedeckte Farben wie beige, grau, blau oder dunkles Rot. Schwarz kann sehr hart wirken.

Auch bei Bewerbungen in modernerem Umfeld sollten Sie vorsichtig mit zu viel Farbe sein. Ein grelles Grün zieht alle Blicke an sich und ist schon von daher kaum zu empfehlen. Allerdings gilt hier wie überall: keine Regel ohne Ausnahme. So hat mir eine Bewerberin, sie ist Produktionerin, erzählt, dass sie mit allen Konventionen brechend in knalligem Pink vor einem Personalentscheidungsgremium erschienen ist. Sie bekam gerade wegen dieser individuellen und fast trotzigen Erscheinung den Job. Ähnliches soll einem anderen Kandidaten gelungen sein, der sein Bewerbungsgespräch bei einer großen bundesdeutschen Industrie- und Handelskammer, vom Laufen kommend, im Jogging-Anzug bestand.

//Nummer sicher: Halten Sie sich an Branchenstandards

Doch als Bewerber, der nicht der Typ für solche individuellen Aktionen ist, sollten Sie lieber auf Nummer sicher gehen – und sich an die Standards halten.

Tipps zum Outfit

- Kleiden Sie sich der Branche angemessen.
- Wählen Sie lieber gedeckte Töne als schrille Farben.
- Keine großen Klunker oder protzigen Schmuck. Der Schmuck sollte auch nicht billig aussehen.
- Keine großen Muster!
- Ziehen Sie etwas an, in dem Sie sich wohl fühlen.
- Vermeiden Sie es, neue Sachen anzuziehen, die Sie noch nicht getestet haben.
- Treten Sie gepflegt auf. Viele Menschen schauen als Erstes auf die Fingernägel (feilen und polieren!) oder die Schuhe (putzen!)
- Wählen Sie ein dezentes Aftershave oder Parfum und nebeln Sie sich nicht ein. Nehmen Sie lieber teure Duftnoten mit einer schönen lang anhaltenden Note.
- Die Haare sollten ordentlich frisiert sein.
- Frauen verzichten besser auf kurze Röcke, tiefe Ausschnitte und allzu hohe Stilettos.
- Herren: Die Socken sind immer noch ein Streitthema. Lieber keine hellen Sportsocken.

Wie lange dauert das Vorstellungsgespräch?

► Von einer halben bis vier Stunden – alles ist möglich. Wenn Sie schon nach zwanzig Minuten fertig sind, ist dies jedoch meist ein schlechtes Zeichen. Ansonsten sagt die Dauer des Gesprächs nichts darüber aus, wie Ihre Gesprächspartner Sie einschätzen. Ihr Bauchgefühl schon eher.

Tipp: Ziehen Sie ein Fazit. Wenn das Unternehmen es nicht von sich aus tut, tun Sie's: Bringen Sie auf den Punkt, wie Sie das Gespräch empfunden haben. Sagen Sie, welchen Eindruck Sie vom Unternehmen gewonnen haben und warum Sie sich jetzt noch besser vorstellen können, für diese Firma zu arbeiten.

Wie lange dauert die Entscheidung?

Paula meckert: »Sie hören spätestens bis nächsten Freitag von uns. – Solche Sprüche kann ich nicht mehr hören. Da hält sich doch eh niemand dran.«

► Stimmt! Terminliche Zusagen sind häufig Schall und Rauch. Aus einer Woche werden zwei, aus zwei drei. Und so weiter. Entscheidungen können sich endlos hinziehen. Manchmal über Monate. Da haben Sie leider keinen Rechtsanspruch auf schnelle Abfertigung.

Doch ebenso häufig wird es passieren, dass ein Unternehmen sich schnell entscheidet. So ist auch schon die eine oder andere Führungskraft nach nur einem einzigen Vorstellungsgespräch engagiert worden. Dies sind aber Einzelfälle.

Tipp: Fragen Sie am Ende des Vorstellungsgesprächs, bis wann Sie mit einer Entscheidung (für ein weiteres Gespräch oder die Einstellung) rechnen dürfen. Haken Sie nach, wenn Sie bis zu diesem Zeitpunkt nichts gehört haben.

Und danach? Clever nachfassen!

Paula berichtet: »Es war wirklich eine tolle Atmosphäre. Und dann hat der Fachverantwortliche gesagt, ich soll noch mal über das Angebot nachdenken. Was heißt das denn jetzt überhaupt? Bedeutet es, dass ich aus dem Rennen bin? Oder soll ich irgendetwas tun? Ich bin so furchtbar unsicher!«

Soll ich noch mal nachfragen? Darf ich jetzt schon anrufen? Wie drücke ich nur aus, dass ich wirklich gerne, furchtbar gerne für diese Firma arbeiten würde? Das Nachfassen bereitet Bewerbern oft viel Kopfzerbrechen. Sie haben Angst, zu aufdringlich zu wirken oder abgewiesen zu werden. Doch das Gegenteil ist der Fall.

//Auch in dieser Phase: authentisch bleiben!

Es ist doch so einfach: Wenn Sie wirklich ein gutes Gefühl haben, sagen Sie es. Es ist falsch, sich zu verdrehen und zu verrenken. Bringen Sie besser zum Ausdruck, was Sie denken.

Viele Unternehmen erwarten geradezu, dass Sie das tun. Sie bringen sich dadurch noch mal in Erinnerung, das ist eine Gelegenheit, die Sie nicht verpassen sollten! Oft wird die Bewerberauswahl sogar bewusst lange offen gehalten. Wer da nicht nachfragt, zeigt, dass er anscheinend doch kein echtes Interesse hat. Dadurch konzentriert sich die Auswahl automatisch auf die Kandidaten, die sich so richtig um ein Unternehmen bemühen. Und da ist wirklich oft entscheidend, wer den längeren Atem hat. Sechsmal musste beispielsweise ein Customer Service Manager zum Vorstellungsgespräch kommen. Es fand mal im Restaurant, mal im Personalerbüro, mal im Konferenzraum statt. Die Fachabteilung war unsicher und unentschlossen. Der Bewerber hat aber nicht aufgegeben. Jedes Mal hat er die Initiative ergriffen. Das hat sich letztendlich gelohnt.

Wenn die Stelle »zweite Wahl« ist

► Solches Engagement entwickeln nur jene Bewerber, die einen Job wirklich wollen. Vorherrschen wird eventuell jedoch auch bei Ihnen ein unentschlossenes Gefühl, ein Zweifel. Sie sind sich nicht sicher, würden eigentlich lieber an Ihrem Heimatort bleiben, eine Position oder Gehaltsstufe höher einsteigen. Gleichzeitig wissen Sie, dass Sie bei der aktuellen wirtschaftlichen Lage nicht sehr wählerisch sein können.

Wenn Sie so zweifeln, ist es schwer, dem Gegenüber etwas vorzuspielen. Sie können nicht voller Begeisterung anrufen und ein positives Fazit ziehen. In dieser Situation empfiehlt es sich, die Fragen und Bedenken, die Sie haben, auch auszusprechen – jedenfalls sofern sie die Aufgabe selbst betreffen. Privates, also beispielsweise den im Falle einer Einstellung notwendigen Umzug, sollten Sie aber besser außen vor lassen!

//Geben Sie sich selbst die Zeit zur Sicherheit

Welches sind die Fragen, die wirklich mit dem Job – und nicht mit Ihrer privaten Situation und eventuell daraus resultierendem Unbehagen – zu tun haben? Worin liegt der Fach- und Sachbezug? Wenn Sie inhaltliche Fragen klären, machen Sie mit einem Anruf nichts falsch. Er kann Ihnen dann nur helfen, weitere Klarheit zu erringen und Sie vor Fehlentscheidungen zu bewahren.

Wichtig: Wenn der Job nichts für Sie ist, so müssen Sie das für sich herausfinden. Es bringt nichts, wenn Sie mit einem miesen Gefühl einsteigen und dann schnell nachlassen. Damit machen Sie sich und das Unternehmen »unglücklich«.

Für das Unternehmen werden Sie durch dieses Nachfragen im Ansehen eher steigen: Es bekundet Selbstbewusstsein, zeigt, dass Sie wissen wollen, was auf Sie zukommt, und es Ihnen nicht darum geht, einfach irgendeinen Job anzunehmen.

Nachfassen per Telefon oder E-Mail?

► Ein persönliches Gespräch ist häufig besser als jedes Schriftstück. Andererseits gibt es eine Menge Manager, die schlichtweg keine Zeit haben und auf E-Mails setzen. Es lässt sich also nicht pauschal beantworten, was besser ist, sondern nur im individuellen Fall. Am besten fragen Sie schon nach dem Vorstellungsgespräch, bei der Verabschiedung, wie der Gesprächspartner am besten zu erreichen ist.

> **Beispiele:** »Falls sich noch Fragen ergeben: Erreiche ich Sie besser per Telefon oder per E-Mail?«
>
> »Es würde mich freuen, wenn wir uns noch einmal sprechen könnten, wenn sich das alles etwas gesetzt hat. Sicher ergeben sich noch weitere Fragen.«

Tipp für effektives Nachfassen

Machen Sie schon im Vorstellungsgespräch den für Sie richtigen Ansprechpartner ausfindig. Dies ist entweder der Personaler oder der Fachverantwortliche. Falls Sie es mit mehreren Ebenen zu tun haben – etwa mit dem Leiter der Abteilung und dem Geschäftsführer –, fragen Sie, wer Ihr Ansprechpartner ist.

> **Beispiel für eine schriftliche Nachfass-Aktion**
>
> Sehr geehrter Herr Kreuz,
> die Stunde in Ihrem Ingenieurbüro war für mich sehr aufschlussreich.
> Das Gespräch mit Ihnen hat lange nachgewirkt. Sie hatten gesagt,
> dass ich mir gut überlegen sollte, die Position anzunehmen, zumal
> die Stelle nur auf ein Jahr befristet ist. Ich möchte das gerne wagen.
> Das Projekt ist vielversprechend und liegt genau in meinem Fachbe-
> reich. Darüber hinaus machten Ihr Büro und das Team auf mich einen
> sehr sympathischen Eindruck. Ich würde mich sicher gut einfügen.
>
> Mit freundlichen Grüßen
> Herbert Götz, Dipl.-Ing. (FH)

Nicht geklappt? Auf ein Neues!

► Gerade wenn das Gespräch sehr gut gelaufen ist – oder scheint –, schockiert die Absage im Briefkasten. Aber so ist es nun mal: Häufig hat jemand anderes noch besser zum Unternehmen gepasst als Sie (oder konnte das zumindest besser verkaufen). Manchmal hat die Firma aber auch plötzlich Ihr Stellenprofil geändert oder die Suche aus internen Gründen ganz aufgegeben.

//Nachfragen erlaubt!

Fragen Sie nach, wenn Sie den Grund für die Absage nicht nachvollziehen können oder die Absage für Sie leicht erkennbar aus »nichtssagenden« Textbausteinen besteht. Es ist für Sie hilfreich zu wissen, wie das Unternehmen Ihren Auftritt empfunden und was vielleicht gestört hat. Insofern ist es Ihr legitimes Interesse zu erfahren, woran es denn nun wirklich gelegen hat. Sie wollen sich doch verbessern!

Sprechen Sie mit dem Gesprächspartner, zu dem Sie im Vorstellungsgespräch den besten Draht hatten. Er oder sie ist dann vielleicht auch bereit, aus dem »Nähkästchen« zu plaudern.

//Oft liegt der Grund nicht bei Ihnen

Ganz ehrlich: Sehr häufig wird gar nichts an Ihnen gestört haben, sondern die Entscheidung ist aus einem ganz anderen Grund gefallen. Vielleicht wollte der Abteilungsleiter lieber einen Mann oder eine Frau, jemand Älteren oder (leider häufiger) Jüngeren. Vielleicht war es einfach die Tatsache, dass man sich von der Bewerberin mit Japanischkenntnissen mehr Input für die Exportstrategie erhoffte.

//Zweifeln Sie nicht an sich, arbeiten Sie an sich!

Beziehen Sie Absagen deshalb nicht auf sich selbst und ziehen Sie sich nicht in Zweifel. Arbeiten Sie an Ihrem Auftritt, wenn dieser nicht optimal war. Erst wenn nach etwa fünf Vorstellungsgesprächen keine Einladung zum Zweitgespräch erfolgt, sollten Sie Ihre Gesprächsstrategie von einem Profi überprüfen lassen und mit seiner Hilfe an der Verbesserung arbeiten.

Das gilt auch für die Bewerbungsanschreiben. Wenn von zehn Bewerbungen keine zum Vorstellungsgespräch führt, bewerben Sie sich entweder mit den falschen Argumenten oder auf unpassende Stellen. Sie erinnern sich: Bis zu 95 % der Bewerbungen werden aussortiert, weil der Bewerber nicht zur Stelle passt. Ihre Konkurrenz sind bei 100 bis 300 Bewerbungen damit lediglich 5, 10 oder 15 Mitbewerber. Überdenken Sie Ihre Strategie oder lassen Sie sich beraten.

Zum zweiten Mal bei der Firma bewerben?

► Ja! Oft wird dies von den Unternehmen nicht einmal bemerkt oder sogar explizit gewünscht. Nicht selten führt erst die zweite oder vielleicht auch dritte Bewerbung zum Erfolg. Dies gilt auch für Initiativbewerbungen: Berichten Sie in einem zweiten Anlauf, was sich inzwischen bei Ihnen getan hat und warum Sie jetzt noch besser geeignet sind, diesen Job zu machen. Hartnäckigkeit zahlt sich hier wie in anderen Bereichen des Berufslebens aus. Bleiben Sie dran!

//Bleiben Sie motiviert – Sie haben ja dazugelernt!

Es ist sicher schwer, sich immer wieder zu motivieren und immer wieder eine sehr gut passende Bewerbung abzuliefern sowie ein sehr gutes und lockeres Vorstellungsgespräch zu führen. Aber betrachten Sie einfach die früheren Versuche als Testfelder – jeder macht Sie besser, aus jedem haben Sie etwas gelernt. Sie gewinnen Routine – und wenn Sie nicht Ihr Selbstbewusstsein verlieren: Dann klappt es auch mit dem Job. Hundertprozentig!

Halt!

- Sie sind sich nicht sicher, welchen beruflichen Weg Sie einschlagen sollen ...
- Ihre bisherige Bewerbungsstrategie führte einfach nicht zum Erfolg ...
- Sie sind sich unsicher, wie Sie sich selbst darstellen und »verkaufen« sollen ...
- Sie wissen nicht, in welchen Branchen, Branchenzweigen und bei welchen Firmen Sie sich initiativ bewerben sollen ...
- Ihrer Bewerbung fehlt der letzte Pfiff ...

Lassen Sie sich von uns beraten. Wir beschränken uns nicht auf die Unterlagenoptimierung, sondern sehen jede Bewerbung im Gesamtkontext. Unsere Spezialität liegt in der kreativen Strategie und Umsetzung. Diese Herangehensweise kostet vielleicht etwas mehr Zeit und fordert mit Sicherheit mehr Nachdenken – die Investition lohnt sich aber. 100%.

Leser dieses Buches erhalten 10 Prozent Rabatt auf jede in Anspruch genommene Beratungsstunde im netzwerk redaktionsbüro beratung training in Hamburg. Rufen Sie uns unter 040-53 05 29 30 an, nennen Sie das Codewort, das Sie auch zur Nutzung des Internet-Workshops berechtigt, und vereinbaren Sie einen Termin. Oder schreiben Sie eine E-Mail an: hofert@netzwerk-buero.de.

Netzwerk Redaktionsbüro Beratung Training
Antonie-Möbis-Weg 5
22523 Hamburg
Telefon: 040-53052930
Fax: 040-53052931
hofert@netzwerk-buero.de
www.netzwerk-buero.de

netzwerk Redaktionsbüro
Training · Beratung

P.S.: Wir bieten auch Strategie-Beratung und Erfolgs-Coaching für Existenzgründer und freie Mitarbeiter. Besuchen Sie www.gruenderreport.de

Die Covey-Bibliothek

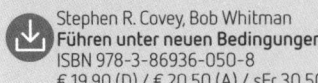

Stephen R. Covey, Bob Whitman
Führen unter neuen Bedingungen
ISBN 978-3-86936-050-8
€ 19,90 (D) / € 20,50 (A) / sFr 30,50

Stephen R. Covey
Die 7 Wege zur Effektivität
ISBN 978-3-89749-573-9
€ 24,90 (D) / € 25,60 (A) / sFr 37,90

Stephen R. Covey
Der 8. Weg
ISBN 978-3-89749-574-6
€ 29,90 (D) / € 30,80 (A) / sFr 43,9

S. M. R. Covey, R. R. Merrill
Schnelligkeit durch Vertrauen
ISBN 978-3-89749-908-9
€ 29,90 (D) / € 30,80 (A) / sFr 43,90

Stephen R. Covey
Die 7 Wege zur Effektivität für Familien
ISBN 978-3-89749-728-3
€ 29,90 (D) / € 30,80 (A) / sFr 43,90

Sean Covey
Die 7 Wege zur Effektivität für Jugendliche
ISBN 978-3-89749-663-7
€ 29,90 (D) / € 30,80 (A) / sFr 43,9

Stephen R. Covey
Die 7 Wege zur Effektivität
ISBN 978-3-89749-624-8
€ 49,90 (D) / € 50,40 (A) /
sFr 81,00

Stephen R. Covey
Der 8. Weg
ISBN 978-3-89749-688-0
€ 59,90 (D) / € 60,50 (A) /
sFr 96,90

Stephen R. Covey
Die 7 Wege zur Effektivität für Manager
ISBN 978-3-89749-890-7
€ 29,90 (D) / € 30,20 (A) /
sFr 48,90

Stephen R. Covey,
Stephen M. R. Covey,
Über Vertrauen
ISBN 978-3-86936-093-5
€ 29,90 (D) / € 30,20 (A) /
sFr 48,90

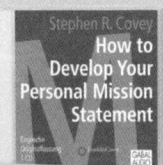

Sean Covey
How to Develop Your Personal Mission Statement
ISBN 978-3-86936-092-8
€ 19,90 (D) / € 19,90 (A) /
sFr 33,90

Stephen R. Covey
Focus: Achieving Your Highest Priorities
ISBN 978-3-86936-031-7
€ 29,90 (D) / € 30,20 (A) /
sFr 48,90

Weitere Informationen finden Sie unter www.gabal-verlag.de

Management – fundiert und innovativ

Die 30 Minuten-Reihe
Prägnant, praxisorientiert, vielseitig

Jeder Band 80 Seiten, 11x18 cm, 2-farbig, empfohlen von
€ 6,50 (D) / € 6,70 (A) / sFr 10,50

Tim Schlüter, Michael Münz
30 Minuten Twitter, Facebook, Xing & Co.
ISBN 978-3-86936-077-5

Jens Ferber
30 Minuten Basiswissen Wirtschaft
ISBN 978-3-86936-076-8

Lothar J. Seiwert, Wolfgan Maison, Holger Wöltje
30 Minuten Zeitmanagement mit iPhon
ISBN 978-3-86936-030

F. Ion, M. Brand
30 Minuten für mehr Work-Life-Balance durch die 16 Lebensmotive
ISBN 978-3-89749-870-9

D. Koenig, L. Seiwert, S. Roth
30 Minuten für optimale Selbstorganisation
ISBN 978-3-89749-126-7

Oliver Geisselhart
30 Minuten Power-Gedächtnis
ISBN 978-3-86936-075

Svenja Hofert
30 Minuten für erfolgreiche Bewerbungsanschreiben
ISBN 978-3-89749866-2

Helmut Muthers
30 Minuten für „ver-rückte" Unternehmer
ISBN 978-3-89749866-2

T. Draxler, A. Cheung
30 Minuten Gesundheit management
ISBN 978-3-86936-074-

Weitere Informationen finden Sie unter www.gabal-verlag.de

Business-Bücher für Erfolg und Karriere

Gitte Härter
Nerv nicht!
ISBN 978-3-86936-064-5
€ 17,90 (D) / € 18,50 (A) /
sFr 27,90

Christiane Gierke
Das ist ja 'ne Marke!
ISBN 978-3-86936-068-3
€ 17,90 (D) / € 18,50 (A) /
sFr 27,90

Ken Blanchard, Alan Randolph,
Peter Grazier
Go Team!
ISBN 978-3-86936-063-8
€ 17,90 (D) / € 18,50 (A) /
sFr 27,90

Hans-Jürgen Kratz
**Stolpersteine in der
Mitarbeiterführung**
ISBN 978-3-86936-012-6
€ 19,90 (D) / € 20,50 (A) /
sFr 30,50

Michaela Muschitz
**Klartext schreiben im
Business**
ISBN 978-3-86936-066-9
€ 17,90 (D) / € 18,50 (A) /
sFr 27,90

Josef W. Seifert
**Visualisieren, Präsentieren,
Moderieren**
ISBN 978-3-930799-00-8
€ 17,90 (D) / € 18,50 (A) /
sFr 27,90

Jürgen Kurz
Für immer aufgeräumt
ISBN 978-3-89749-735-1
€ 19,90 (D) / € 20,50 (A) /
sFr 30,50

Marion Recknagel
**Überzeugen ohne zu
argumentieren**
ISBN 978-3-86936-069-0
€ 17,90 (D) / € 18,50 (A) /
sFr 27,90

Christiane Dierks
Erkennbar besser sein
ISBN 978-3-89749-920-1
€ 19,90 (D) / € 20,50 (A) /
sFr 30,50

Brigitte Scheidt
Neue Wege im Berufsleben
ISBN 978-3-89749-921-8
€ 19,90 (D) / € 20,50 (A) /
sFr 30,50

I. Moser-Will, I. Grube
Denkspiele
ISBN 978-3-86936-013-3
€ 19,90 (D) / € 20,50 (A) /
sFr 30,50

Cornelia Topf, Rolf Gawrich
Business-Etikette
ISBN 978-3-89749-924-9
€ 17,90 (D) / € 18,50 (A) /
sFr 27,90

Weitere Informationen finden Sie unter www.gabal-verlag.de

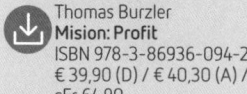

Unterhaltsame Schweinehundzähmung

Günter, der innere
Schweinehund, hält eine Rede
ISBN 978-3-86936-071-3

Günter, der innere
Schweinehund, lernt verhandeln
ISBN 978-3-89749-918-8

Günter, der innere
Schweinehund, hat Erfolg
ISBN 978-3-89749-731-3

13 lieferbare Buchtitel, je Band 216 Seiten mit 100 Illustrationen von Timo Wuerz. Je € 9,90 (D) / € 10,20 (A) / sFr 15,90

Günter, der innere
Schweinehund, wird Chef
ISBN 978-3-86936-019-5

Günter, der innere
Schweinehund, wird Nichtraucher
ISBN 978-3-89749-625-5

Günter, der innere
Schweinehund, wird schlank
ISBN 978-3-89749-584-5

Günter, der innere
Schweinehund, für Schüler
(Audio)
€ 12,95 (D) / € 13,10 (A) / sFr 22,90
ISBN 978-3-86936-091-1

Günter, der innere
Schweinehund, wird fit
(Audio)
€ 25,90 (D) / € 26,20 (A) / sFr 43,90
ISBN 978-3-89749-972-0

Günter Plüschtier
empf. VK € 9,95 (D) / € 9,95 (A) /
sFr 17,90
ISBN 978-3-89749-705-4

Weitere Informationen finden Sie unter www.gabal-verlag.de

GABAL: Ihr „Netzwerk Lernen" – ein Leben lang

Ihr Gabal-Verlag bietet Ihnen Medien für das persönliche Wachstum und Sicherung der Zukunftsfähigkeit von Personen und Organisationen. „GABAL" gibt es auch als Netzwerk für Austausch, Entwicklung und eigene Weiterbildung, unabhängig von den in Training und Beratung eingesetzten Methoden: GABAL, die **G**esellschaft zur Förderung **A**nwendungsorientierter **B**etriebswirtschaft und **A**ktiver **L**ehrmethoden in Hochschule und Praxis e.V. wurde 1976 von Praktikern aus Wirtschaft und Fachhochschule gegründet. Der Gabal-Verlag ist aus dem Verband heraus entstanden. Annähernd 1.000 Trainer und Berater sowie Verantwortliche aus der Personalentwicklung sind derzeit Mitglied.

Die Mitgliedschaft gibt es quasi ab 0 Euro!
Aktive Mitglieder holen sich den Jahresbeitrag über geldwerte Vorteil zu mehr als 100% zurück: Medien-Gutschein und Gratis-Abos, Vorteils-Eintritt bei Veranstaltungen und Fachmessen. **Hier treffen Sie Gleichgesinnte, wann, wo und wie Sie möchten:**

- Internet: Aktuelle Themen der Weiterbildung im Überblick, wichtige Termine immer greifbar, Thesen-Papiere und gesichertes Know-how inform von White-papers gratis abrufen
- Regionalgruppe: auch ganz in Ihrer Nähe finden Treffen und Veranstaltungen von GABAL statt – Menschen und Methoden in Aktion kennen lernen
- Jahres-Symposium: Schnuppern Sie die legendäre „GABAL-Atmosphäre" und diskutieren Sie auch mit „Größen" und „Trendsettern" der Branche.

Über Veröffentlichungen auf der Website (Links, White-papers) steigen Mitglieder „im Ansehen" der Internet-Suchmaschinen.
Neugierig geworden? Informieren Sie sich am besten gleich!

Lernen Sie das Netzwerk Lernen unverbindlich kennen.
Die aktuellen Termine und Themen finden Sie im Web unter **www.gabal.de.**
E-Mail: info@gabal.de.

Telefonisch erreichen Sie uns per 06132.509 50-90.

„Es ist viel passiert, seit Gründung von GABAL: Was 1976 als Paukenschlag begann, ... wirkt weit in die Bildungs-Branche hinein: Nachhaltig Wissen und Können für künftiges Wirken schaffen ..."
(Prof. Dr. Hardy Wagner, Gründer GABAL e.V.)